# 스코어 START 스타트



단 기 핵 심 공 략 서

START

시작은 가볍게!
8+2강, 기본 개념 완성

단 기 핵 심 공 략 서
START CORE

# 스코어 START

스타트


## 지은이

**NE능률 수학교육연구소**

NE능률 수학교육연구소는 혁신적이며 효율적인 수학 교재를 개발하고
수학 학습의 질을 한 단계 높이고자 노력하는 NE능률의 연구 조직입니다.

**김정배** 현대고등학교 교사
**이직현** 중동고등학교 교사
**김형균** 중산고등학교 교사
**권백일** 양정고등학교 교사
**강인우** 진선여자고등학교 교사
**이경진** 중동고등학교 교사

## 검토진

강수아 (휘경여고)
김명수 (교당학원)
문두열 (조대부고)
박원용 (트리즈수학)
신수연 (김샘학원 동탄캠퍼스)
윤재필 (메가스터디 러셀)
이흥식 (흥샘수학)
정효석 (최상위학원)
편유선 (동대부고)
권승미 (한뜻학원)
나상오 (평촌다수인)
문준호 (파워영수학원)
서정민 (양지메가스터디기숙학원)
양지은 (진수학전문학원)
이봉주 (분당 성지 수학전문학원)
임용원 (산본고)
조승현 (동덕여고)
황선진 (서초메가스터디 기숙학원)
권치영 (지오학원)
나화정 (수리고)
박민경 (한얼학원)
송경섭 (성수고)
양지희 (전주한일고)
이승구 (트임학원)
임채웅 (송원고)
지현우 (이우성학원)
권혁동 (인천청탑학원)
남혁 (남혁학원)
박민식 (위더스 수학전문학원)
송혜숙 (남동정상일등수학)
엄상미 (송곳에듀)
이재영 (신도림 대성학원)
장동식 (가로수학학원)
최문채 (열린학원 운정점)
길승호 (대덕고)
류홍종 (흐름수학)
박용우 (신등용문학원)
신동식 (EM the best)
오광석 (창현고)
이한승 (탑7학원)
장우성 (사람과미래수학원)
최정희 (세화고)

단기핵심공략서
START CORE

# 스코어 START

스타트

# 고등 수학(하)

# Structure 구성과 특징

## 교과서 핵심 개념, 가볍게 시작하기!

### 교과서 대표 문제로 필수 개념 완성

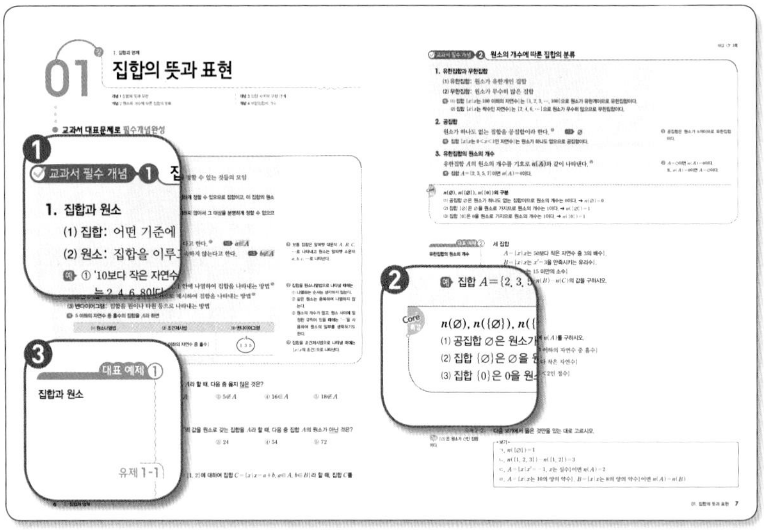


❶ **교과서 필수 개념**

꼭 알아야 할 교과서 필수 개념을 주제별로 자세히 설명하였습니다. 개념을 하나하나 쉽게 이해할 수 있습니다.

❷ **코어 특강**

개념 이해를 돕는 중요 원리, 증명 등의 보충 설명을 제시하였습니다.

❸ **대표 예제 & 유제**

꼭 풀어봐야 하는 교과서 대표 문제를 선정하여 예제와 유제로 구성하였습니다. 개념을 문제에 적용하면서 기본을 다질 수 있습니다.

### 핵심 개념&공식 리뷰

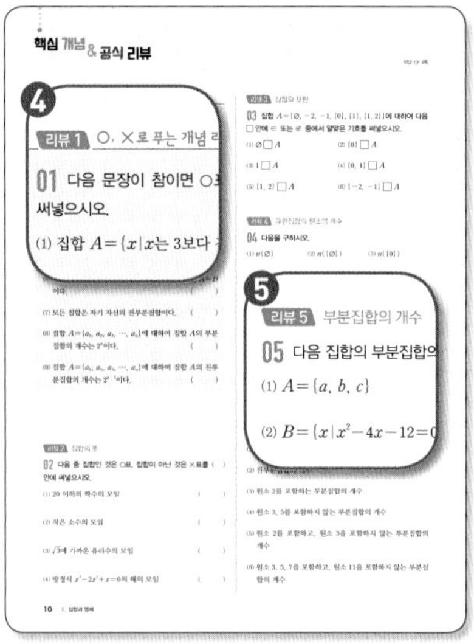


❹ **O, X로 푸는 개념 리뷰**

주요 개념과 공식을 잘 이해하였는지 O, X 문제를 통해 빠르게 점검할 수 있습니다.

❺ **핵심을 점검하는 리뷰 문제**

핵심 개념을 되짚어 볼 수 있는 기본 문제를 제시하였습니다. 실전 문제를 풀기에 앞서 개념을 한 번 더 확인하고 정리할 수 있습니다.

✓ [8강+2강]으로 기본 개념 완성

✓ 교과서 대표 문제&핵심 유형 연습

✓ 내신 빈출 문제로 실전 대비

## 빈출 문제로 실전 연습

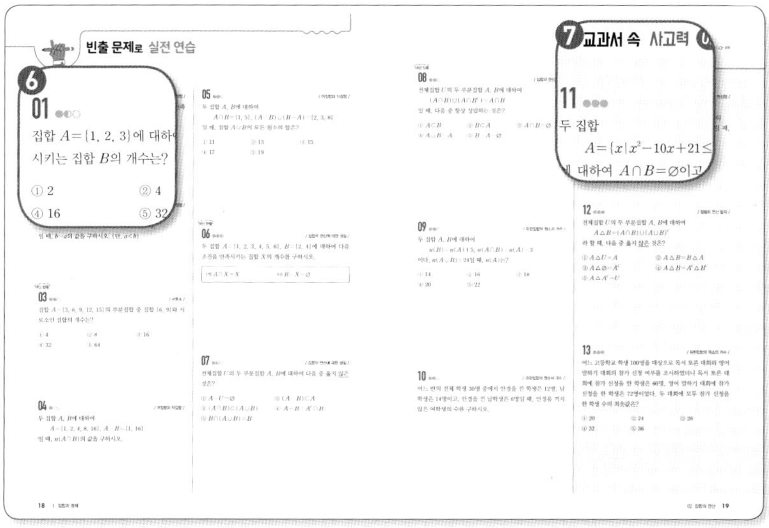


»

## 실전 모의고사

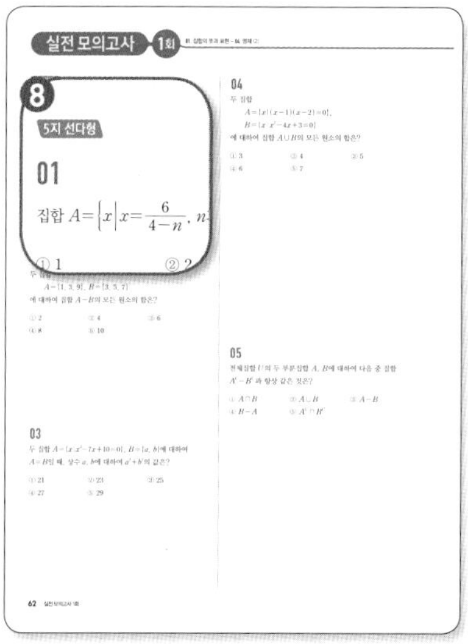


**❻ 실전 연습 문제**

시험에 자주 출제되는 문제들로 구성하였습니다. 출제 유형을 확실히 익히고 내신과 수능 등의 실전에 대비할 수 있습니다.

**❼ 교과서 속 사고력 UP**

교과서에 수록된 사고력 문제를 변형하여 제시하였습니다. 사고력을 키우고 실력을 한 단계 높일 수 있습니다.

**❽ 실전 모의고사**

실제 시험에 가까운 문제들로 구성된 실전 모의고사를 2회 수록하였습니다. 시험 직전 실전 감각을 기를 수 있습니다.

## 정답과 해설

다양하고 자세한 풀이를 제시하여 이해를 도왔습니다. 또한, 코어특강, 참고, 다른 풀이 등을 통하여 해설의 깊이를 더하였습니다.

# Contents 차례

# Study Plan 학습계획표

※ 스스로 학습 성취도를 체크해 보고, 부족한 강은 복습을 하도록 합니다.

| 강명 | 1차 학습일 | 2차 학습일 |
|---|---|---|
| 01 집합의 뜻과 표현 | 월 일<br>성취도 ○ △ × | 월 일<br>성취도 ○ △ × |
| 02 집합의 연산 | 월 일<br>성취도 ○ △ × | 월 일<br>성취도 ○ △ × |
| 03 명제 (1) | 월 일<br>성취도 ○ △ × | 월 일<br>성취도 ○ △ × |
| 04 명제 (2) | 월 일<br>성취도 ○ △ × | 월 일<br>성취도 ○ △ × |
| 05 함수 | 월 일<br>성취도 ○ △ × | 월 일<br>성취도 ○ △ × |
| 06 유리함수 | 월 일<br>성취도 ○ △ × | 월 일<br>성취도 ○ △ × |
| 07 무리함수 | 월 일<br>성취도 ○ △ × | 월 일<br>성취도 ○ △ × |
| 08 순열과 조합 | 월 일<br>성취도 ○ △ × | 월 일<br>성취도 ○ △ × |
| • 실전 모의고사 1회 | 월 일<br>성취도 ○ △ × | 월 일<br>성취도 ○ △ × |
| • 실전 모의고사 2회 | 월 일<br>성취도 ○ △ × | 월 일<br>성취도 ○ △ × |

# 01강 집합의 뜻과 표현

개념 1 집합의 뜻과 표현
개념 2 원소의 개수에 따른 집합의 분류
개념 3 집합 사이의 포함 관계
개념 4 부분집합의 개수

## 교과서 대표문제로 필수개념완성

### 교과서 필수 개념 1 집합의 뜻과 표현

**1. 집합과 원소**

(1) 집합: 어떤 기준에 의하여 그 대상을 분명하게 정할 수 있는 것들의 모임

(2) 원소: 집합을 이루고 있는 대상 하나하나

예 ① '10보다 작은 자연수 중 짝수의 모임'은 그 대상을 분명하게 정할 수 있으므로 집합이고, 이 집합의 원소는 2, 4, 6, 8이다.

② '10에 가까운 자연수의 모임'은 '가까운'의 기준이 명확하지 않아서 그 대상을 분명하게 정할 수 없으므로 집합이 아니다.

**2. 집합과 원소 사이의 관계**

(1) $a$가 집합 $A$의 원소일 때, $a$는 집합 $A$에 속한다고 한다.[1] 기호 $a\in A$

(2) $b$가 집합 $A$의 원소가 아닐 때, $b$는 집합 $A$에 속하지 않는다고 한다. 기호 $b\notin A$

예 집합 $A=\{1, 2\}$일 때, $1\in A$, $2\in A$, $3\notin A$

**3. 집합의 표현**

(1) 원소나열법: 집합에 속하는 모든 원소를 { } 안에 나열하여 집합을 나타내는 방법[2]

(2) 조건제시법: 원소의 공통 성질을 조건으로 제시하여 집합을 나타내는 방법[3]

(3) 벤다이어그램: 집합을 원이나 타원 등으로 나타내는 방법

예 5 이하의 자연수 중 홀수의 집합을 $A$라 하면

| (1) 원소나열법 | (2) 조건제시법 | (3) 벤다이어그램 |
|---|---|---|
| $A=\{1, 3, 5\}$ | $A=\{x\mid x$는 5 이하의 자연수 중 홀수$\}$ |  |

❶ 보통 집합은 알파벳 대문자 $A$, $B$, $C$, …로 나타내고 원소는 알파벳 소문자 $a$, $b$, $c$, …로 나타낸다.

❷ 집합을 원소나열법으로 나타낼 때에는
① 나열하는 순서는 생각하지 않는다.
② 같은 원소는 중복하여 나열하지 않는다.
③ 원소의 개수가 많고, 원소 사이에 일정한 규칙이 있을 때에는 '…'을 사용하여 원소의 일부를 생략하기도 한다.

❸ 집합을 조건제시법으로 나타낼 때에는 $\{x\mid x$의 조건$\}$으로 나타낸다.

**대표 예제 1** 집합과 원소

24 이하의 양의 약수의 집합을 $A$라 할 때, 다음 중 옳지 않은 것은?

① $1\in A$ ② $2\in A$ ③ $5\notin A$ ④ $16\in A$ ⑤ $18\notin A$

**유제 1-1**

자연수 $m$, $n$에 대하여 $2^m\times 3^n$의 값을 원소로 갖는 집합을 $A$라 할 때, 다음 중 집합 $A$의 원소가 아닌 것은?

① 6 ② 14 ③ 24 ④ 54 ⑤ 72

**유제 1-2**

두 집합 $A=\{-1, 0, 1\}$, $B=\{1, 2\}$에 대하여 집합 $C=\{x\mid x=a+b,\ a\in A,\ b\in B\}$라 할 때, 집합 $C$를 원소나열법으로 나타내시오.

## 교과서 필수 개념 2 원소의 개수에 따른 집합의 분류

### 1. 유한집합과 무한집합

(1) 유한집합: 원소가 유한개인 집합

(2) 무한집합: 원소가 무수히 많은 집합

예 (1) 집합 $\{x|x$는 100 이하의 자연수$\}$는 $\{1, 2, 3, \cdots, 100\}$으로 원소가 유한개이므로 유한집합이다.
(2) 집합 $\{x|x$는 짝수인 자연수$\}$는 $\{2, 4, 6, \cdots\}$으로 원소가 무수히 많으므로 무한집합이다.

### 2. 공집합

원소가 하나도 없는 집합을 공집합이라 한다. ❶ 기호 $\varnothing$

예 집합 $\{x|x$는 $0<x<1$인 자연수$\}$는 원소가 하나도 없으므로 공집합이다.

### 3. 유한집합의 원소의 개수

유한집합 $A$의 원소의 개수를 기호로 $n(A)$와 같이 나타낸다. ❷

예 집합 $A=\{2, 3, 5, 7\}$이면 $n(A)=4$이다.

❶ 공집합은 원소가 0개이므로 유한집합이다.

❷ $A=\varnothing$이면 $n(A)=0$이다.
또, $n(A)=0$이면 $A=\varnothing$이다.

Core 특강 **$n(\varnothing)$, $n(\{\varnothing\})$, $n(\{0\})$의 구분**

(1) 공집합 $\varnothing$은 원소가 하나도 없는 집합이므로 원소의 개수는 0이다. ➜ $n(\varnothing)=0$

(2) 집합 $\{\varnothing\}$은 $\varnothing$을 원소로 가지므로 원소의 개수는 1이다. ➜ $n(\{\varnothing\})=1$

(3) 집합 $\{0\}$은 0을 원소로 가지므로 원소의 개수는 1이다. ➜ $n(\{0\})=1$

**대표 예제 2** 유한집합의 원소의 개수

세 집합

$A=\{x|x$는 50보다 작은 자연수 중 3의 배수$\}$,
$B=\{x|x$는 $x^2=3$을 만족시키는 유리수$\}$,
$C=\{x|x$는 15 미만의 소수$\}$

에 대하여 $n(A)-n(B)-n(C)$의 값을 구하시오.

**유제 2-1** 다음 집합 $A$에 대하여 $n(A)$를 구하시오.

(1) $A=\{x|x$는 100 이하의 자연수 중 홀수$\}$

(2) $A=\{x|x$는 1보다 작은 자연수$\}$

(3) $A=\{x|x$는 $|x|<2$인 정수$\}$

**유제 2-2** 다음 보기에서 옳은 것만을 있는 대로 고르시오.

Tip $\{\varnothing\}$은 원소가 $\varnothing$인 집합이다.

보기

ㄱ. $n(\{\varnothing\})=1$

ㄴ. $n(\{1, 2, 3\})-n(\{1, 2\})=3$

ㄷ. $A=\{x|x^2=-1$, $x$는 실수$\}$이면 $n(A)=2$

ㄹ. $A=\{x|x$는 10의 양의 약수$\}$, $B=\{x|x$는 8의 양의 약수$\}$이면 $n(A)=n(B)$

## 교과서 필수 개념 3 집합 사이의 포함 관계

**1. 부분집합:** 두 집합 $A$, $B$에 대하여 집합 $A$의 모든 원소가 집합 $B$에 속할 때, 집합 $A$를 집합 $B$의 부분집합이라 한다. ❶ 기호 $A\subset B$

참고 집합 $A$가 집합 $B$의 부분집합이 아닐 때, 기호로 $A\not\subset B$와 같이 나타낸다.

예 두 집합 $A=\{1, 3\}$, $B=\{1, 2, 3\}$에 대하여 $A\subset B$, $B\not\subset A$

**2. 부분집합의 성질**

(1) 임의의 집합 $A$에 대하여 $\varnothing\subset A$, $A\subset A$ ❷

(2) 세 집합 $A$, $B$, $C$에 대하여 $A\subset B$이고 $B\subset C$이면 $A\subset C$

**3. 서로 같은 집합:** 두 집합 $A$, $B$에 대하여 $A\subset B$이고 $B\subset A$일 때, 두 집합 $A$와 $B$는 서로 같다고 한다. ❸ 기호 $A=B$

참고 두 집합 $A$와 $B$가 서로 같지 않을 때, 기호로 $A\neq B$와 같이 나타낸다.

**4. 진부분집합:** 두 집합 $A$, $B$에 대하여 $A\subset B$이고 $A\neq B$일 때, 집합 $A$를 집합 $B$의 진부분집합이라 한다. ❹

예 집합 $A=\{1, 2\}$의 진부분집합은 $\varnothing$, $\{1\}$, $\{2\}$이다.

❶ 두 집합 $A$, $B$에 대하여 $A\subset B$이면 벤 다이어그램으로 다음과 같이 나타낸다.

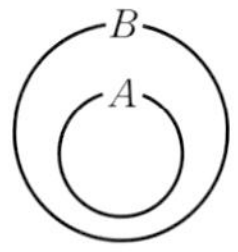


❷ 공집합은 모든 집합의 부분집합이고, 모든 집합은 자기 자신의 부분집합이다.

❸ 두 집합 $A$, $B$에 대하여 $A=B$이면 두 집합 $A$, $B$의 원소가 모두 같다.

❹ $A\subset B$이면 집합 $A$가 집합 $B$의 진부분집합이거나 $A=B$이다.

---

**대표 예제 3** 집합 사이의 포함 관계

다음 두 집합 $A$, $B$ 사이의 포함 관계를 $A\subset B$ 또는 $B\subset A$로 나타내시오.

(1) $A=\{x\,|\,x^2-3x=0\}$, $B=\{3\}$　　(2) $A=\{x\,|\,x^2-x-2\leq 0\}$, $B=\{x\,|\,2x-5\leq 0\}$

**유제 3-1** 다음 두 집합 $A$, $B$ 사이의 관계를 $A=B$ 또는 $A\neq B$로 나타내시오.

(1) $A=\{x\,|\,x^2-x=0\}$, $B=\{0, 1\}$　　(2) $A=\{-1, 0, 1\}$, $B=\{x\,|\,x$는 $|x|<3$인 정수$\}$

**유제 3-2** 두 집합 $A=\{1, 3\}$, $B=\{x\,|\,x^2+ax+b=0\}$에 대하여 $A=B$일 때, 상수 $a$, $b$에 대하여 $ab$의 값을 구하시오.

**대표 예제 4** 부분집합

집합 $A=\{1, 2, 3\}$의 부분집합을 모두 구하시오.

**유제 4-1** 집합 $A=\{x\,|\,x$는 10 이하의 소수$\}$일 때, 집합 $A$의 진부분집합을 모두 구하시오.

**대표 예제 5** 기호 $\in$, $\subset$의 사용

Tip 집합 $B$의 원소 중 집합 $A$에 속하지 않는 것이 있으면 $B\not\subset A$이다.

집합 $A=\{\{1\}, 2, 3\}$에 대하여 옳은 것만을 보기에서 있는 대로 고르시오.

보기

ㄱ. $1\in A$　　ㄴ. $3\in A$　　ㄷ. $\{1, 2\}\subset A$

ㄹ. $\{2, 3\}\subset A$　　ㅁ. $A\subset\{1, 2, 3, 4\}$

**유제 5-1** 두 집합 $A$, $B$가 오른쪽 벤다이어그램과 같을 때, 다음 중 옳지 않은 것은?

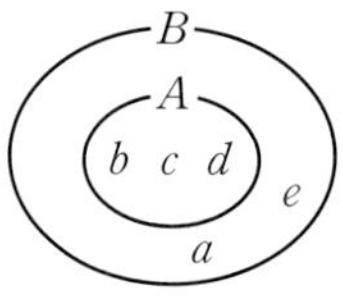


① $b\in B$　　② $a\notin A$　　③ $A\subset B$

④ $\{a, b\}\not\subset A$　　⑤ $\{a, b, c, d, e\}\not\subset B$

## 교과서 필수 개념 4 부분집합의 개수 중요

**1. 부분집합의 개수:** 집합 $A=\{a_1, a_2, a_3, \cdots, a_n\}$에 대하여

(1) 집합 $A$의 부분집합의 개수는 $2^n$이다.

(2) 집합 $A$의 진부분집합의 개수는 $2^n-1$이다. ❶

예 집합 $A=\{1, 2, 3\}$의 부분집합의 개수는 $2^3=8$, 진부분집합의 개수는 $2^3-1=7$이다.

**2. 특정한 원소를 포함하는 (또는 포함하지 않는) 부분집합의 개수**

집합 $A=\{a_1, a_2, a_3, \cdots, a_n\}$의 부분집합 중 특정한 $k$ $(k<n)$개의 원소를 포함하는(또는 포함하지 않는) 부분집합의 개수는 $2^{n-k}$이다.

예 집합 $\{1, 2, 3, 6\}$의 부분집합 중 원소 2를 포함하는 부분집합의 개수는 $2^{4-1}=2^3=8$

❶ 집합 $A$의 진부분집합의 개수를 구할 때에는 집합 $A$의 전체 부분집합의 개수에서 자기 자신인 집합 $A$의 1개를 빼 주어야 한다.

Core 특강

**부분집합의 개수의 활용**

집합 $A=\{a_1, a_2, a_3, \cdots, a_n\}$의 부분집합 중 특정한 $k$개의 원소를 포함하고, 특정한 $l$개의 원소를 포함하지 않는 집합 $A$의 부분집합의 개수는 $2^{n-k-l}$ $(k+l<n)$이다.

예 집합 $A=\{3, 4, 5, 6\}$의 부분집합 중 원소 3을 포함하고, 원소 4를 포함하지 않는 부분집합의 개수는 $2^{4-1-1}=2^2=4$

**대표 예제 6** 부분집합의 개수

집합 $A=\{1, 2, 3, 4\}$에 대하여 다음을 구하시오.

(1) 부분집합의 개수

(2) 진부분집합의 개수

(3) 원소 1을 포함하는 부분집합의 개수

(4) 원소 2를 포함하지 않는 부분집합의 개수

**유제 6-1** 집합 $A=\{x \mid x$는 10 이하의 자연수 중 짝수$\}$에 대하여 다음을 구하시오.

(1) 부분집합의 개수

(2) 진부분집합의 개수

(3) 원소 2를 포함하는 부분집합의 개수

(4) 원소 4를 포함하고, 원소 8을 포함하지 않는 부분집합의 개수

**유제 6-2** 집합 $A=\{3, 4, 5, 6, 7\}$의 부분집합 중 적어도 한 개의 홀수를 원소로 포함하는 부분집합의 개수를 구하시오.

**대표 예제 7** $A\subset X\subset B$를 만족시키는 집합 $X$의 개수

두 집합 $A=\{1, 2, 3\}$, $B=\{1, 2, 3, 4, 5, 6\}$에 대하여 $A\subset X\subset B$를 만족시키는 집합 $X$의 개수를 구하시오.

**유제 7-1** 두 집합 $A=\{x \mid x$는 4의 양의 약수$\}$, $B=\{x \mid x$는 12의 양의 약수$\}$에 대하여 $A\subset X\subset B$를 만족시키는 집합 $X$의 개수를 구하시오.

Tip 집합 $X$는 집합 $B$의 부분집합 중 집합 $A$의 원소를 반드시 포함하는 부분집합이다.

**유제 7-2** 두 집합 $A=\{x \mid x^2-3x+2=0\}$, $B=\{x \mid x$는 한 자리 자연수$\}$에 대하여 $A\subset X\subset B$이고 $X\neq A$, $X\neq B$를 만족시키는 집합 $X$의 개수를 구하시오.

# 핵심 개념 & 공식 리뷰

해답 ☞ 4쪽

## 리뷰 1 ○, ×로 푸는 개념 리뷰

**01** 다음 문장이 참이면 ○표, 거짓이면 ×표를 ( ) 안에 써넣으시오.

(1) 집합 $A=\{x|x$는 3보다 작은 소수$\}$이면 $n(A)=0$이다. ( )

(2) 공집합은 유한집합이다. ( )

(3) 공집합은 모든 집합의 부분집합이다. ( )

(4) 모든 집합은 자기 자신의 부분집합이다. ( )

(5) 세 집합 $A$, $B$, $C$에 대하여 $A\subset B$이고, $B\subset C$이면 $A\subset C$이다. ( )

(6) 두 집합 $A$, $B$에 대하여 $A\subset B$ 또는 $B\subset A$이면 $A=B$이다. ( )

(7) 모든 집합은 자기 자신의 진부분집합이다. ( )

(8) 집합 $A=\{a_1, a_2, a_3, \cdots, a_n\}$에 대하여 집합 $A$의 부분집합의 개수는 $2^n$이다. ( )

(9) 집합 $A=\{a_1, a_2, a_3, \cdots, a_n\}$에 대하여 집합 $A$의 진부분집합의 개수는 $2^{n-1}$이다. ( )

## 리뷰 2 집합의 뜻

**02** 다음 중 집합인 것은 ○표, 집합이 아닌 것은 ×표를 ( ) 안에 써넣으시오.

(1) 20 이하의 짝수의 모임 ( )

(2) 작은 소수의 모임 ( )

(3) $\sqrt{3}$에 가까운 유리수의 모임 ( )

(4) 방정식 $x^3-2x^2+x=0$의 해의 모임 ( )

## 리뷰 3 집합의 표현

**03** 집합 $A=\{\varnothing, -2, -1, \{0\}, \{1\}, \{1, 2\}\}$에 대하여 다음 □ 안에 $\in$ 또는 $\notin$ 중에서 알맞은 기호를 써넣으시오.

(1) $\varnothing$ □ $A$

(2) $\{0\}$ □ $A$

(3) $1$ □ $A$

(4) $\{0, 1\}$ □ $A$

(5) $\{1, 2\}$ □ $A$

(6) $\{-2, -1\}$ □ $A$

## 리뷰 4 유한집합의 원소의 개수

**04** 다음을 구하시오.

(1) $n(\varnothing)$

(2) $n(\{\varnothing\})$

(3) $n(\{0\})$

## 리뷰 5 부분집합의 개수

**05** 다음 집합의 부분집합의 개수를 구하시오.

(1) $A=\{a, b, c\}$

(2) $B=\{x|x^2-4x-12=0\}$

(3) $C=\{x|x$는 12의 양의 약수$\}$

(4) $D=\{x|0<x\leq 50$, $x$는 5의 배수$\}$

**06** 집합 $A=\{x|x$는 17 미만의 소수$\}$에 대하여 다음을 구하시오.

(1) 부분집합의 개수

(2) 진부분집합의 개수

(3) 원소 2를 포함하는 부분집합의 개수

(4) 원소 3, 5를 포함하지 않는 부분집합의 개수

(5) 원소 2를 포함하고, 원소 3을 포함하지 않는 부분집합의 개수

(6) 원소 3, 5, 7을 포함하고, 원소 11을 포함하지 않는 부분집합의 개수

# 빈출 문제로 실전 연습

해답 ☞ 4쪽

## 01 ●○○

/ 집합의 뜻 /

다음 보기에서 집합인 것의 개수는?

보기

ㄱ. 5에 가까운 자연수의 모임

ㄴ. 축구를 잘하는 학생들의 모임

ㄷ. 걸어서 등교하는 학생들의 모임

ㄹ. 10보다 작은 짝수의 모임

① 0 ② 1 ③ 2 ④ 3 ⑤ 4

## 02 ●●○

/ 집합의 뜻과 표현 /

집합 $A=\{x|x$는 9의 양의 약수$\}$에 대하여 집합 $B=\{xy|x\in A, y\in A\}$일 때, 집합 $B$의 모든 원소의 합은?

① 40 ② 58 ③ 112 ④ 121 ⑤ 220

내신 빈출

## 03 ●○○

/ 원소의 개수에 따른 집합의 분류 /

다음 중 공집합인 것은?

① $\{0\}$

② $\{\varnothing\}$

③ $\{x|x$는 $(x-1)^2\le 0$인 실수$\}$

④ 짝수이면서 소수인 자연수의 집합

⑤ 4의 배수이면서 5의 약수인 자연수의 집합

## 04 ●●○

/ 유한집합의 원소의 개수 /

세 집합

$A=\{x|x$는 10 이하의 자연수 중 짝수$\}$,

$B=\{x|x^2\le 4x$, $x$는 정수$\}$,

$C=\{x|x^2-4=0$, $x$는 양수$\}$

에 대하여 $n(A)+n(B)+n(C)$의 값은?

① 10 ② 11 ③ 12 ④ 13 ⑤ 14

## 05 ●●○

/ 부분집합 /

집합 $A=\{0, \varnothing, \{0\}, \{\varnothing\}\}$에 대하여 다음 중 옳지 않은 것은?

① $\varnothing\in A$ ② $\{0\}\in A$ ③ $\{0, \{0\}\}\subset A$ ④ $\{0, \varnothing\}\in A$ ⑤ $\{0, \{\varnothing\}\}\subset A$

## 06 ●●○

/ 부분집합 /

두 집합 $A=\{1, a+1\}$, $B=\{-1, 2, a^2\}$에 대하여 $A\subset B$가 되도록 하는 실수 $a$의 값은?

① $-1$ ② 0 ③ 1 ④ 2 ⑤ 3

내신 빈출

## 07 ●●○

/ 서로 같은 집합 /

두 집합 $A=\{a, a-1\}$, $B=\{-2, a^2-2\}$에 대하여 $A=B$가 되도록 하는 실수 $a$의 값은?

① $-2$ ② $-1$ ③ 0
④ 1 ⑤ 2

## 08 ●○○

/ 부분집합의 개수 /

집합 $A=\{x|x$는 18의 양의 약수$\}$의 진부분집합의 개수는?

① 3 ② 7 ③ 15
④ 31 ⑤ 63

## 09 ●●○

/ 부분집합의 개수 /

집합 $A=\{x|x^2+9\le 10x$, $x$는 자연수$\}$의 부분집합 중 소수는 모두 포함하고 4의 배수는 포함하지 않는 집합 $A$의 부분집합의 개수를 구하시오.

## 10 ●●○

/ 부분집합의 개수 /

집합 $A=\{x|x$는 자연수 $k$ 이하의 자연수$\}$의 부분집합의 개수가 32일 때, 집합 $A$의 부분집합 중 원소 $k$를 포함하는 부분집합의 개수를 구하시오.

# 교과서 속 사고력 UP

## 11 ●●●

/ 서로 같은 집합 /

두 집합 $A=\{a, b\}$, $B=\{x|x^2+ax+b=0\}$에 대하여 $A=B$일 때, $a+b$의 값은? (단, $a$, $b$는 상수이고, $a\ne b$이다.)

① $-2$ ② $-1$ ③ 0
④ 1 ⑤ 2

## 12 ●●●

/ 서로 같은 집합 /

자연수 $k$에 대하여 집합 $A(k)$를

$A(k)=\{x|x$는 $k^n$의 일의 자리의 수, $n$은 자연수$\}$

라 하자. 예를 들면, $k=2$인 경우에 $2^1=2$, $2^2=4$, $2^3=8$, $2^4=16$, $2^5=32$, $\cdots$이므로 $A(2)=\{2, 4, 6, 8\}$이다. **보기**에서 옳은 것만을 있는 대로 고른 것은?

**보기**

ㄱ. $2\in A(8)$
ㄴ. $A(3)=A(7)$
ㄷ. $n(A(k))=1$을 만족시키는 10 이하의 자연수 $k$는 1개이다.

① ㄱ ② ㄴ ③ ㄷ
④ ㄱ, ㄴ ⑤ ㄱ, ㄷ

## 13 ●●●

/ 부분집합의 개수 /

집합 $A=\{x|x$는 10 이하의 자연수$\}$의 부분집합 $X$가 다음 조건을 만족시킨다.

(가) 집합 $X$의 모든 원소의 합은 짝수이다.
(나) 집합 $X$의 원소 중 가장 큰 수는 7이다.

집합 $X$의 개수를 구하시오.

강

Ⅰ. 집합과 명제

# 02 집합의 연산



## 교과서 대표문제로 필수개념완성

해답 ☞ 5쪽

### 교과서 필수 개념 1 교집합과 합집합

**1. 교집합:** 두 집합 $A$, $B$에 대하여 $A$에도 속하고 $B$에도 속하는 원소 전체의 집합을 $A$와 $B$의 교집합이라 하고, 기호로 $A\cap B$와 같이 나타낸다. 즉,

$A\cap B=\{x\mid x\in A$ 그리고 $x\in B\}$ ❶

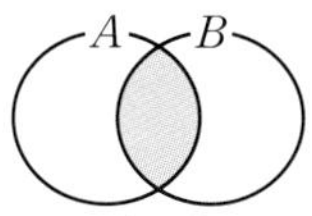

$A\cap B$

**2. 합집합:** 두 집합 $A$, $B$에 대하여 $A$에 속하거나 $B$에 속하는 원소 전체의 집합을 $A$와 $B$의 합집합이라 하고, 기호로 $A\cup B$와 같이 나타낸다. 즉,

$A\cup B=\{x\mid x\in A$ 또는 $x\in B\}$ ❷

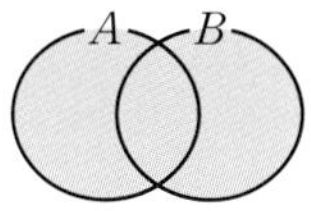

$A\cup B$

예 $A=\{1, 2\}$, $B=\{2, 3\}$일 때, $A\cap B=\{2\}$, $A\cup B=\{1, 2, 3\}$

**3. 서로소:** 두 집합 $A$, $B$에 공통인 원소가 하나도 없을 때, 즉 $A\cap B=\varnothing$일 때, 집합 $A$와 집합 $B$는 서로소라 한다. ❸

예 $A=\{1, 3, 5\}$, $B=\{2, 4, 6\}$일 때, $A\cap B=\varnothing$이므로 집합 $A$와 집합 $B$는 서로소이다.

❶ $A\cap B$는 두 집합 $A$, $B$에 공통으로 속하는 원소의 집합이다.

❷ $A\cup B$는 두 집합 $A$, $B$의 원소를 모두 모은 집합이다.

❸ 두 집합 $A$, $B$가 서로소이면 $n(A\cap B)=0$

**대표 예제 1** 교집합과 합집합(1)

두 집합 $A$, $B$에 대하여 $A=\{1, 2, 3, 6\}$, $A\cap B=\{1, 2\}$, $A\cup B=\{1, 2, 3, 4, 6, 8\}$일 때, 집합 $B$를 구하시오.

**유제 1-1** 두 집합 $A$, $B$에 대하여 $B=\{1, 2, 5, 10\}$, $A\cap B=\{1, 2, 5\}$, $A\cup B=\{1, 2, 3, 4, 5, 10\}$일 때, 집합 $A$를 구하시오.

**유제 1-2** 다음 두 집합 $A$, $B$가 서로소인지 조사하시오.

Tip $A\cap B=\varnothing$이면 두 집합 $A$, $B$가 서로소이다.

(1) $A=\{x\mid x$는 10 미만의 소수$\}$, $B=\{x\mid x$는 짝수인 자연수$\}$

(2) $A=\{x\mid x^2+2x=0\}$, $B=\{x\mid (x+3)(x-2)=0\}$

**대표 예제 2** 교집합과 합집합(2)

두 집합 $A=\{x\mid x$는 15의 양의 약수$\}$, $B=\{x\mid x$는 $n$의 양의 약수$\}$에 대하여 $A\cap B=\{1, 5\}$일 때, 30보다 작은 모든 자연수 $n$의 값의 합을 구하시오.

**유제 2-1** 두 집합 $A=\{1, 3, a\}$, $B=\{2, 3, 4, a+1\}$에 대하여 $A\cup B=\{1, 2, 3, 4, 5\}$일 때, 집합 $A\cap B$의 모든 원소의 합을 구하시오. (단, $a$는 상수이다.)

## 교과서 필수 개념 2 여집합과 차집합

**1. 여집합:** 전체집합 $U$의[1] 부분집합 $A$에 대하여 $U$의 원소 중 $A$에 속하지 않는 원소 전체의 집합을 $A$의 여집합이라 하고, 기호로 $A^C$과 같이 나타낸다. 즉,

$$A^C=\{x \mid x\in U \text{ 그리고 } x\notin A\}$$

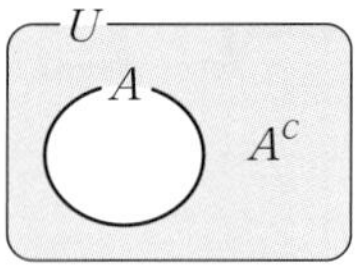


예 전체집합 $U=\{2, 4, 6, 8\}$의 부분집합 $A=\{2, 8\}$에 대하여 $A^C=\{4, 6\}$

**2. 차집합:** 두 집합 $A$, $B$에 대하여 $A$에는 속하지만 $B$에는 속하지 않는 원소 전체의 집합을 $A$에 대한 $B$의 차집합이라 하고, 기호로 $A-B$와 같이 나타낸다. 즉,

$$A-B=\{x \mid x\in A \text{ 그리고 } x\notin B\}$$ [2]

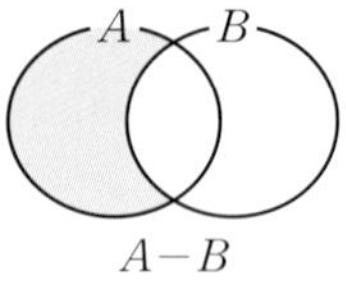


예 두 집합 $A=\{1, 5\}$, $B=\{1, 3, 4, 5\}$에 대하여 $B-A=\{3, 4\}$

[1] 어떤 집합에 대하여 그 부분집합을 생각할 때, 처음에 주어진 집합을 전체집합이라 하고, 이것을 기호로 $U$와 같이 나타낸다.

[2] $A-B=A\cap B^C$, $B-A=B\cap A^C$

---

**대표 예제 3** 여집합

Tip 벤다이어그램을 그려 $A\cap B$, $A\cap B^C$, $A\cup B$, $U$의 순으로 원소를 채운다.

전체집합 $U=\{1, 3, 5, 7, 9, 11, 13\}$의 두 부분집합 $A$, $B$에 대하여

$$A\cup B=\{1, 3, 5, 7, 9\},\ A\cap B=\{1, 3\},\ A\cap B^C=\{5\}$$

일 때, 집합 $B$를 구하시오.

**유제 3-1** 전체집합 $U$의 부분집합 $A$에 대하여 $A=\{1, 3, 5\}$, $A^C=\{2, 4, 6\}$일 때, 전체집합 $U$의 모든 원소의 합을 구하시오.

**유제 3-2** 전체집합 $U=\{a, b, c, d, e\}$의 두 부분집합 $A$, $B$에 대하여

$$A\cap B=\{a\},\ B\cap A^C=\{b, c\},\ (A\cup B)^C=\{d\}$$

일 때, 집합 $A$를 구하시오.

**대표 예제 4** 차집합

전체집합 $U=\{1, 2, 3, 4, 5\}$의 두 부분집합 $A=\{2, 3, 4\}$, $B=\{1, 3, 5\}$에 대하여 $n(A-B)+n(B-A^C)$의 값을 구하시오.

**유제 4-1** 전체집합 $U=\{x \mid x\text{는 } 10 \text{ 이하의 자연수}\}$의 두 부분집합

$$A=\{x \mid x\text{는 } 2\text{의 배수}\},\ B=\{x \mid x\text{는 } 4\text{의 배수}\}$$

에 대하여 $n(A-B)$를 구하시오.

**유제 4-2** 두 집합 $A=\{4, 5, a-b\}$, $B=\{4, a+b\}$에 대하여 $A-B=\{-1\}$일 때, $ab$의 값을 구하시오. (단, $a$, $b$는 상수이다.)

## 교과서 필수 개념 3 집합의 연산에 대한 성질 중요

전체집합 $U$의 두 부분집합 $A$, $B$에 대하여

**1. 교집합과 합집합의 성질**

(1) $A\cup\varnothing=A$, $A\cap\varnothing=\varnothing$ (2) $A\cup U=U$, $A\cap U=A$

(3) $A\cup A=A$, $A\cap A=A$ (4) $\underline{A\cup(A\cap B)}=A$, $\underline{A\cap(A\cup B)}=A$ ❶

└ $(A\cap B)\subset A$ └ $A\subset(A\cup B)$

**2. 여집합과 차집합의 성질**

(1) $A\cup A^C=U$, $A\cap A^C=\varnothing$ (2) $U^C=\varnothing$, $\varnothing^C=U$

(3) $(A^C)^C=A$ (4) $U-A=A^C$

(5) $A-B=A\cap B^C$ ❷

❶ 두 집합 $A$, $B$에 대하여 $A\subset B$이면 $A\cup B=B$, $A\cap B=A$

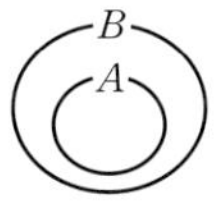


❷ $A-B$
$=A\cap B^C$
$=A-(A\cap B)$
$=(A\cup B)-B$

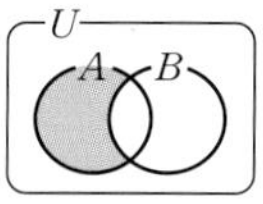


**Core 특강 집합의 연산과 포함 관계**

전체집합 $U$의 두 부분집합 $A$, $B$에 대하여 $A\cap B=\varnothing$일 때, 다음이 성립한다.

$A\cap B=\varnothing$ ➜ $A-B=A$, $B-A=B$

➜ $A\subset B^C$, $B\subset A^C$

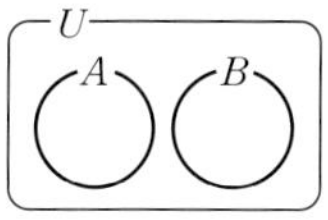


**대표 예제 5**

집합의 연산에 대한 성질

전체집합 $U$의 두 부분집합 $A$, $B$에 대하여 $A\subset B$일 때, 다음 중 옳지 <u>않은</u> 것은?

① $B^C\subset A^C$ ② $A-B=\varnothing$ ③ $A\cap B=A$
④ $A\cup B=B$ ⑤ $A\cup B^C=U$

**유제 5-1**

전체집합 $U$의 두 부분집합 $A$, $B$에 대하여 다음 중 나머지 넷과 <u>다른</u> 하나는?

① $A-B$ ② $A\cap B^C$ ③ $A^C\cup B$
④ $B^C-A^C$ ⑤ $(A\cup B)-B$

## 교과서 필수 개념 4 집합의 연산 법칙

**1. 집합의 연산 법칙:** 세 집합 $A$, $B$, $C$에 대하여

(1) 교환법칙: $A\cap B=B\cap A$, $A\cup B=B\cup A$

(2) 결합법칙: $(A\cap B)\cap C=A\cap(B\cap C)$, $(A\cup B)\cup C=A\cup(B\cup C)$ ❶

(3) 분배법칙: $A\cap(B\cup C)=(A\cap B)\cup(A\cap C)$, $A\cup(B\cap C)=(A\cup B)\cap(A\cup C)$

**2. 드모르간의 법칙:** 전체집합 $U$의 두 부분집합 $A$, $B$에 대하여

(1) $(A\cap B)^C=A^C\cup B^C$ (2) $(A\cup B)^C=A^C\cap B^C$

❶ 괄호를 사용하지 않고 $A\cap B\cap C$, $A\cup B\cup C$로 나타내기도 한다.

**대표 예제 6**

집합의 연산 법칙

전체집합 $U$의 두 부분집합 $A$, $B$에 대하여 다음 중 집합 $(A^C\cap B)^C$과 항상 같은 집합은?

① $A\cup B$ ② $A\cap B$ ③ $A^C\cup B^C$
④ $A\cup B^C$ ⑤ $A\cap B^C$

**유제 6-1**

Tip 집합의 분배법칙을 이용한다.

세 집합 $A$, $B$, $C$에 대하여 $A\cup B=\{1, 2, 3, 6\}$, $A\cup C=\{2, 4, 6, 8\}$일 때, 집합 $A\cup(B\cap C)$의 모든 원소의 합을 구하시오.

## 교과서 필수 개념 5 유한집합의 원소의 개수 중요

### 1. 합집합의 원소의 개수

두 집합 $A$, $B$가 유한집합일 때

$$n(A\cup B)=n(A)+n(B)-n(A\cap B)$$ ❶

가 성립한다. 특히, $A$와 $B$가 서로소이면 ($n(A\cap B)=0$)

$$n(A\cup B)=n(A)+n(B)$$

예 $n(A)=4$, $n(B)=3$, $n(A\cap B)=2$이면 $n(A\cup B)=n(A)+n(B)-n(A\cap B)=4+3-2=5$

참고 $n(A\cup B\cup C)=n(A)+n(B)+n(C)-n(A\cap B)-n(B\cap C)-n(C\cap A)+n(A\cap B\cap C)$

### 2. 여집합과 차집합의 원소의 개수

전체집합 $U$의 두 부분집합 $A$, $B$가 유한집합일 때

(1) $n(A^C)=n(U)-n(A)$, $n((A\cup B)^C)=n(U)-n(A\cup B)$ ❷

(2) $n(A-B)=n(A)-n(A\cap B)=n(A\cup B)-n(B)$ ❸

주의 일반적으로 $n(A-B)\neq n(A)-n(B)$이다.

예 전체집합 $U$의 두 부분집합 $A$, $B$에 대하여 $n(U)=10$, $n(A)=5$, $n(A\cap B)=2$이면
$n(A^C)=n(U)-n(A)=10-5=5$, $n(A-B)=n(A)-n(A\cap B)=5-2=3$

❶ 다음 벤다이어그램과 같이 두 집합 $A$, $B$에 대하여 각 영역에 속하는 원소의 개수를 각각 $a$, $b$, $c$라 하면

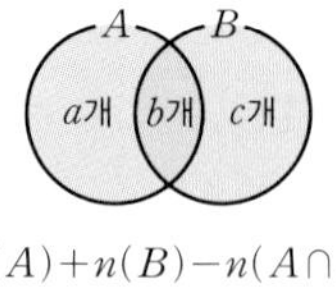


$n(A)+n(B)-n(A\cap B)$
$=(a+b)+(b+c)-b$
$=a+b+c$
$=n(A\cup B)$

❷

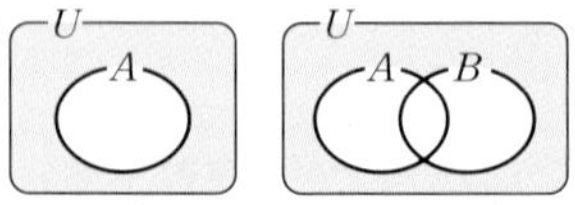


$A^C$ $(A\cup B)^C$

❸

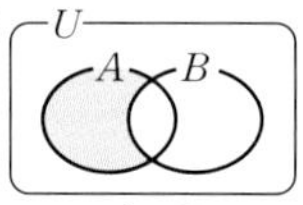


$A-B$

**대표 예제 7** 유한집합의 원소의 개수(1)

두 집합 $A$, $B$에 대하여 $n(A)=10$, $n(B)=7$, $n(A\cup B)=12$일 때, $n(A\cap B)$를 구하시오.

**유제 7-1**

Tip 두 집합 $A$, $B$가 서로소이므로 $n(A\cap B)=0$

두 집합 $A$, $B$가 서로소이고, $n(B)=6$, $n(A\cup B)=10$일 때, $n(A)$를 구하시오.

**유제 7-2**

Tip ① ~이거나, ~ 또는 → 합집합
② ~이고, ~와 → 교집합

어느 봉사 단체 회원 중 교육 봉사를 하는 회원이 25명, 벽화 그리기 봉사를 하는 회원이 18명이고 두 가지 봉사를 모두 하는 회원이 12명이다. 이 단체 회원 중 교육 봉사 또는 벽화 그리기 봉사를 하는 회원 수를 구하시오.

**대표 예제 8** 유한집합의 원소의 개수(2)

Tip $n(A^C\cap B^C)$
$=n((A\cup B)^C)$
$=n(U)-n(A\cup B)$

전체집합 $U$의 두 부분집합 $A$, $B$에 대하여 $n(U)=60$, $n(A)=30$, $n(A\cap B)=15$, $n(A^C\cap B^C)=10$일 때, $n(B)$를 구하시오.

**유제 8-1**

서로소인 두 집합 $A$, $B$에 대하여 $n(A)=7$, $n(A\cup B)=19$일 때, $n(B-A)$를 구하시오.

**유제 8-2**

어느 산의 등산객 50명 중에서 모자와 선글라스를 쓴 등산객을 조사하였더니 선글라스를 쓴 등산객이 27명이고, 모자와 선글라스 중 어느 것도 쓰지 않은 등산객이 5명이다. 이때 모자만 쓴 등산객 수를 구하시오.

# 핵심 개념 & 공식 리뷰

해답 ☞ 7쪽

**리뷰 1** O, ×로 푸는 개념 리뷰

**01** 다음 문장이 참이면 ○표, 거짓이면 ×표를 ( ) 안에 써넣으시오.

(1) 두 집합 $A$, $B$에 대하여 $A\cap B=\{x|x\in A$ 또는 $x\in B\}$이고, $A\cup B=\{x|x\in A$ 그리고 $x\in B\}$이다. ( )

(2) 두 집합 $A$, $B$에 대하여 $A\cap B=\varnothing$일 때, 집합 $A$와 집합 $B$는 서로소이다. ( )

(3) 전체집합 $U$의 두 부분집합 $A$, $B$에 대하여 $A-B=A\cap B^C$이다. ( )

(4) 전체집합 $U$의 두 부분집합 $A$, $B$에 대하여 $A\subset B$이면 $A^C\subset B^C$이다. ( )

(5) 두 유한집합 $A$, $B$에 대하여 $n(A\cup B)=n(A)+n(B)$이다. ( )

(6) 전체집합 $U$의 부분집합 $A$가 유한집합일 때, $n(A^C)=n(U)-n(A)$이다. ( )

(7) 전체집합 $U$의 두 부분집합 $A$, $B$가 유한집합일 때, $n(A^C\cap B^C)=n(U)-n(A\cup B)$이다. ( )

(8) 전체집합 $U$의 두 부분집합 $A$, $B$가 유한집합일 때, $n(A-B)=n(A)-n(B)$이다 ( )

**리뷰 2** 교집합과 합집합, 여집합과 차집합

**02** 전체집합 $U=\{x|x$는 7 이하인 자연수$\}$의 두 부분집합 $A=\{1, 2, 3, 6, 7\}$, $B=\{2, 4, 6, 7\}$에 대하여 다음을 구하시오.

(1) $A\cap B$  (2) $A\cup B$

(3) $A^C$  (4) $A-B$

(5) $(A\cap B)^C$  (6) $(A\cup B)^C$

**리뷰 3** 집합의 서로소

**03** 다음 두 집합 $A$, $B$가 서로소인지 조사하시오.

(1) $A=\{x|x^2-4=0\}$, $B=\{x|x^2-4x+3\leq 0\}$

(2) $A=\{x|x$는 $x\leq 5$인 정수$\}$, $B=\{x|x$는 $x\geq 6$인 정수$\}$

(3) $A=\{x|x$는 20보다 작은 6의 배수$\}$, $B=\{x|x$는 20보다 작은 소수$\}$

(4) $A=\{x|x$는 18의 양의 약수$\}$, $B=\{x|x$는 10 미만의 소수$\}$

**리뷰 4** 집합의 연산의 성질과 연산법칙

**04** 전체집합 $U$의 두 부분집합 $A$, $B$에 대하여 다음을 간단히 하시오.

(1) $A\cap(A\cup B)^C$  (2) $(A\cap B)\cup(A^C\cup B^C)$

(3) $(A\cup B)\cap(A^C\cap B^C)$  (4) $(B-A)^C\cap B$

**리뷰 5** 유한집합의 원소의 개수

**05** 다음을 구하시오.

(1) 두 집합 $A$, $B$에 대하여 집합 $A$와 집합 $B$가 서로소이고, $n(A)=10$, $n(B-A)=5$일 때, $n(A\cup B)$

(2) 두 집합 $A$, $B$에 대하여 $n(B-A)=5$, $n(A\cup B)=17$일 때, $n(A)$

(3) 전체집합 $U$의 두 부분집합 $A$, $B$에 대하여 $n(U)=30$, $n((A\cap B)^C)=15$, $n(A^C)=9$일 때, $n(A-B)$

(4) 세 집합 $A$, $B$, $C$에 대하여 집합 $A$와 집합 $B$가 서로소이고, $n(A)=7$, $n(B)=3$, $n(C)=9$, $n(A\cup C)=14$, $n(B\cup C)=11$일 때, $n(A\cup B\cup C)$

# 빈출 문제로 실전 연습

**01** / 교집합과 합집합 /

집합 $A=\{1, 2, 3\}$에 대하여 $A\cup B=\{1, 2, 3, 4, 5\}$를 만족시키는 집합 $B$의 개수는?

① 2 ② 4 ③ 8
④ 16 ⑤ 32

**02** / 교집합과 합집합 /

두 집합 $A=\{1, 3, 6\}$, $B=\{3, 4, 9, a, b\}$에 대하여

$A\cap B=\{1, 3\}$, $A\cup B=\{1, 3, 4, 6, 7, 9\}$

일 때, $b-a$의 값을 구하시오. (단, $a<b$)

내신 빈출

**03** / 서로소 /

집합 $A=\{3, 6, 9, 12, 15\}$의 부분집합 중 집합 $\{6, 9\}$와 서로소인 집합의 개수는?

① 4 ② 8 ③ 16
④ 32 ⑤ 64

**04** / 여집합과 차집합 /

두 집합 $A$, $B$에 대하여

$A=\{1, 2, 4, 8, 16\}$, $A-B=\{1, 16\}$

일 때, $n(A\cap B)$의 값을 구하시오.

**05** / 여집합과 차집합 /

두 집합 $A$, $B$에 대하여

$A\cap B=\{1, 5\}$, $(A-B)\cup(B-A)=\{2, 3, 8\}$

일 때, 집합 $A\cup B$의 모든 원소의 합은?

① 11 ② 13 ③ 15
④ 17 ⑤ 19

내신 빈출

**06** / 집합의 연산에 대한 성질 /

두 집합 $A=\{1, 2, 3, 4, 5, 6\}$, $B=\{2, 4\}$에 대하여 다음 조건을 만족시키는 집합 $X$의 개수를 구하시오.

| | |
|---|---|
| (가) $A\cap X=X$ | (나) $B-X=\varnothing$ |

**07** / 집합의 연산에 대한 성질 /

전체집합 $U$의 두 부분집합 $A$, $B$에 대하여 다음 중 옳지 <u>않은</u> 것은?

① $A-U=\varnothing$ ② $(A-B)\subset A$
③ $(A\cap B)\subset(A\cup B)$ ④ $A-B=A^C\cap B$
⑤ $B\cap(A\cup B)=B$

내신 빈출

## 08 ●●○

/ 집합의 연산 법칙 /

전체집합 $U$의 두 부분집합 $A$, $B$에 대하여

$$(A\cap B)\cup(A\cap B^C)=A\cap B$$

일 때, 다음 중 항상 성립하는 것은?

① $A\subset B$ ② $B\subset A$ ③ $A\cap B=\varnothing$
④ $A\cup B=A$ ⑤ $B-A=\varnothing$

## 09 ●●○

/ 유한집합의 원소의 개수 /

두 집합 $A$, $B$에 대하여

$$n(B)=n(A)+5,\ n(A\cap B)=n(A)-3$$

이다. $n(A\cup B)=24$일 때, $n(A)$는?

① 14 ② 16 ③ 18
④ 20 ⑤ 22

## 10 ●●○

/ 유한집합의 원소의 개수 /

어느 반의 전체 학생 30명 중에서 안경을 낀 학생은 12명, 남학생은 14명이고, 안경을 낀 남학생은 6명일 때, 안경을 끼지 않은 여학생의 수를 구하시오.

# 교과서 속 사고력 UP

## 11 ●●●

/ 교집합과 합집합 /

두 집합

$$A=\{x\,|\,x^2-10x+21\leq 0\},\ B=\{x\,|\,x^2+ax+b<0\}$$

에 대하여 $A\cap B=\varnothing$이고 $A\cup B=\{x\,|\,-2<x\leq 7\}$일 때, $ab$의 값을 구하시오. (단, $a$, $b$는 상수이다.)

## 12 ●●●

/ 집합의 연산 법칙 /

전체집합 $U$의 두 부분집합 $A$, $B$에 대하여

$$A\triangle B=(A\cap B)\cup(A\cup B)^C$$

라 할 때, 다음 중 옳지 않은 것은?

① $A\triangle U=A$ ② $A\triangle B=B\triangle A$
③ $A\triangle\varnothing=A^C$ ④ $A\triangle B=A^C\triangle B^C$
⑤ $A\triangle A^C=U$

## 13 ●●●

/ 유한집합의 원소의 개수 /

어느 고등학교 학생 100명을 대상으로 독서 토론 대회와 영어 말하기 대회의 참가 신청 여부를 조사하였더니 독서 토론 대회에 참가 신청을 한 학생은 60명, 영어 말하기 대회에 참가 신청을 한 학생은 72명이었다. 두 대회에 모두 참가 신청을 한 학생 수의 최솟값은?

① 20 ② 24 ③ 28
④ 32 ⑤ 36

03 강

I. 집합과 명제

# 명제 (1)

개념 1 명제와 조건
개념 2 명제 $p \longrightarrow q$의 참, 거짓
개념 3 '모든' 또는 '어떤'을 포함한 명제
개념 4 명제의 역, 대우

## 교과서 대표문제로 필수개념완성

### 교과서 필수 개념 1 명제와 조건

**1. 명제와 조건**

(1) 명제: 참 또는 거짓을 명확하게 판별할 수 있는 문장이나 식 ❶

예 • '하루는 길다.'는 '길다.'의 기준이 명확하지 않아 참인지 거짓인지 판별할 수 없으므로 명제가 아니다.
• '$2+3=5$'는 참인 명제, '$6<2$'는 거짓인 명제이다.
• '$x+7=10$'은 참인지 거짓인지 판별할 수 없으므로 명제가 아니다.

(2) 조건: 변수를 포함하는 문장이나 식 중에서 변수의 값에 따라 참, 거짓이 판별되는 것 ❷

(3) 진리집합: 전체집합 $U$의 원소 중에서 조건을 참이 되게 하는 모든 원소의 집합

예 전체집합 $U=\{x|x$는 10 이하의 자연수$\}$일 때, 조건 '$p$: $x$는 4의 배수이다.'의 진리집합을 $P$라 하면
$P=\{4, 8\}$

**2. 명제와 조건의 부정**

(1) 명제 또는 조건 $p$에 대하여 '$p$가 아니다.'를 $p$의 부정이라 한다. ❸ 기호 $\sim p$

(2) 명제 또는 조건 $p$에 대하여 $\sim p$의 부정은 $p$이다. 즉, $\sim(\sim p)=p$

(3) 명제 $p$가 참이면 $\sim p$는 거짓이고, $p$가 거짓이면 $\sim p$는 참이다.

❶ 명제는 보통 알파벳 소문자 $p, q, r, \cdots$로 나타낸다.

❷ 일반적으로 조건은 명제가 아니다.

❸ 조건 $p$의 진리집합을 $P$라 할 때, 조건 $\sim p$의 진리집합은 $P^C$이다.

Core 특강

**조건 '$p$ 또는 $q$'와 조건 '$p$ 그리고 $q$'**

(1) 두 조건 $p, q$의 진리집합을 각각 $P, Q$라 하면
① 조건 '$p$ 또는 $q$'의 진리집합은 $P\cup Q$이다.
② 조건 '$p$ 그리고 $q$'의 진리집합은 $P\cap Q$이다.

(2) 두 조건 $p, q$에 대하여
① 조건 '$p$ 또는 $q$'의 부정은 '$\sim p$ 그리고 $\sim q$'이다.
② 조건 '$p$ 그리고 $q$'의 부정은 '$\sim p$ 또는 $\sim q$'이다.

**대표 예제 1** 조건과 진리집합

전체집합 $U=\{x|x$는 정수$\}$에 대하여 조건 '$p$: $x^2+x-6<0$'의 진리집합을 구하시오.

**유제 1-1** 전체집합 $U=\{1, 2, 3, 4, 5\}$에 대하여 조건 '$p$: $(x+1)^2$은 짝수이다.'의 진리집합을 구하시오.

**대표 예제 2** 명제와 조건의 부정

다음 명제 또는 조건의 부정을 말하시오.

(1) 4는 2의 배수이다.
(2) $x=-2$ 또는 $x=3$
(3) $-2<x\le 1$
(4) $a, b$는 모두 실수가 아니다.

**유제 2-1** 전체집합이 실수 전체의 집합일 때, 두 조건 '$p$: $x>4$', '$q$: $x\le -5$'에 대하여 조건 '$\sim p$ 또는 $q$'의 진리집합이 $\{x|x\le a\}$이다. 이때 상수 $a$의 값을 구하시오.

## 교과서 필수 개념 2 명제 $p \longrightarrow q$의 참, 거짓

### 1. 명제의 가정과 결론

두 조건 $p$, $q$에 대하여 명제 '$p$이면 $q$이다.'를 기호로 $p \longrightarrow q$와 같이 나타낸다. 이때 $p$를 가정, $q$를 결론이라 한다.

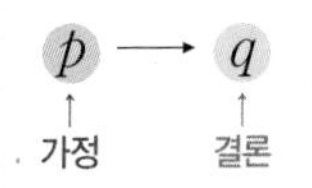


예 명제 '$x=2$이면 $x-1=1$이다.'에서 가정은 '$x=2$'이고 결론은 '$x-1=1$'이다.

### 2. 명제 $p \longrightarrow q$의 참, 거짓과 진리집합

명제 $p \longrightarrow q$에 대하여 두 조건 $p$, $q$의 진리집합을 각각 $P$, $Q$라 할 때

(1) 명제 $p \longrightarrow q$가 참이면 $P \subset Q$이다. 거꾸로 $P \subset Q$이면 명제 $p \longrightarrow q$는 참이다.

(2) 명제 $p \longrightarrow q$가 거짓이면 $P \not\subset Q$이다. 거꾸로 $P \not\subset Q$이면 명제 $p \longrightarrow q$는 거짓이다. ❶

예 두 조건 '$p$: $x$는 3의 양의 약수이다.', '$q$: $x$는 6의 양의 약수이다.'의 진리집합을 각각 $P$, $Q$라 하면
$P=\{1, 3\}$, $Q=\{1, 2, 3, 6\}$
① $P \subset Q$이므로 명제 $p \longrightarrow q$는 참이다.
② $Q \not\subset P$이므로 명제 $q \longrightarrow p$는 거짓이다. ─[반례] $x=2$, $x=6$

❶ 명제 $p \longrightarrow q$가 거짓임을 보일 때, 가정 $p$는 만족시키지만 결론 $q$를 만족시키지 않는 예가 하나라도 있음을 보이면 된다. 이와 같은 예를 반례라 한다.

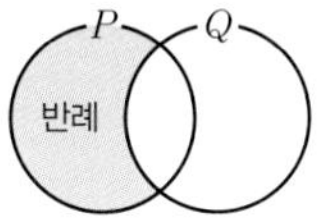


---

**대표 예제 3**

**명제의 참, 거짓과 진리집합**

Tip 가정과 결론의 진리집합을 구하여 포함 관계를 확인해 본다.

다음 명제 중 거짓인 것을 모두 고르면? (정답 2개)

① $x=2$이면 $x^2=4$이다.
② $\sqrt{x^2}=2$이면 $x=2$이다.
③ $x^2=2x$이면 $x=2$이다.
④ $x^2<4$이면 $x<2$이다.
⑤ $x^2=4$이면 $x^3=4x$이다.

**유제 3-1**

다음 두 조건 $p$, $q$에 대하여 명제 $p \longrightarrow q$의 참, 거짓을 판별하시오.

(1) $p$: $x^2-5x+6=0$, $q$: $x=2$

(2) $p$: $x$는 소수이다., $q$: $x$는 홀수이다.

(3) $p$: $x^2+y^2=0$, $q$: $xy=0$ (단, $x$, $y$는 실수이다.)

**유제 3-2**

Tip 두 집합 $P$, $Q$ 사이의 포함 관계를 벤다이어그램으로 나타내어 본다.

전체집합 $U$에 대하여 두 조건 $p$, $q$의 진리집합을 각각 $P$, $Q$라 하자. 명제 $\sim p \longrightarrow q$가 참일 때, 다음 중 항상 옳은 것은?

① $P \subset Q$
② $Q \subset P$
③ $Q^C \subset P$
④ $P^C \cap Q=Q$
⑤ $P^C \cup Q=P^C$

**대표 예제 4**

**명제가 참이 되도록 하는 미지수 구하기**

실수 $x$에 대하여 두 조건 $p$, $q$가

$p$: $(x-1)(x-2) \le 0$, $q$: $x^2 \le a^2$

일 때, 명제 $p \longrightarrow q$가 참이 되도록 하는 양수 $a$의 최솟값을 구하시오.

**유제 4-1**

명제 '$x=a$이면 $x(x+1)=6$이다.'가 참이 되도록 하는 모든 실수 $a$의 값의 합을 구하시오.

## 교과서 필수 개념 3 '모든' 또는 '어떤'을 포함한 명제

### 1. '모든' 또는 '어떤'을 포함한 명제의 참, 거짓 ❶

전체집합 $U$에 대하여 조건 $p$의 진리집합을 $P$라 할 때

(1) 명제 '모든 $x$에 대하여 $p$이다.'는 $P=U$이면 참이고, $P\neq U$이면 거짓이다.

(2) 명제 '어떤 $x$에 대하여 $p$이다.'는 $P\neq\varnothing$이면 참이고, $P=\varnothing$이면 거짓이다. ❷

예 전체집합 $U=\{-1, 0, 1\}$에 대하여

(1) 명제 '모든 $x$에 대하여 $|x|\leq 1$이다.'에서 '$p$: $|x|\leq 1$'이라 하고 조건 $p$의 진리집합을 $P$라 하면 $P=\{-1, 0, 1\}$, 즉 $P=U$이므로 주어진 명제는 참이다.

(2) 명제 '어떤 $x$에 대하여 $x^2=4$이다.'에서 '$p$: $x^2=4$'라 하고 조건 $p$의 진리집합을 $P$라 하면 $P=\varnothing$이므로 주어진 명제는 거짓이다.

❶ '모든'은 단 하나의 예외도 없이 모두 만족시켜야 하고, '어떤'은 단 한 개만 만족시켜도 된다.

❷ '어떤 $x$에 대하여 $p$이다.'를 '$p$인 $x$가 있다.'로 표현할 수도 있다.

### 2. '모든' 또는 '어떤'을 포함한 명제의 부정

(1) 명제 '모든 $x$에 대하여 $p$이다.'의 부정은 '어떤 $x$에 대하여 $\sim p$이다.'이다.

(2) 명제 '어떤 $x$에 대하여 $p$이다.'의 부정은 '모든 $x$에 대하여 $\sim p$이다.'이다.

예 (1) 명제 '모든 $x$에 대하여 $x>1$이다.'의 부정은 '어떤 $x$에 대하여 $x\leq 1$이다.'이다.

(2) 명제 '어떤 $x$에 대하여 $x<-2$ 또는 $x>2$이다.'의 부정은 '모든 $x$에 대하여 $-2\leq x\leq 2$이다.'이다.

Core 특강

**'모든' 또는 '어떤'을 포함한 명제의 참, 거짓 판별하기**

(1) '모든'을 포함한 명제는 반례가 하나만 있어도 거짓인 명제가 된다.
즉, 명제 '모든 $x$에 대하여 $p$이다.'가 거짓이라는 것은
→ 전체집합 $U$의 원소 중에서 조건 $p$를 만족시키지 않는 원소가 적어도 하나 존재한다는 것을 뜻한다.

(2) '어떤'을 포함한 명제는 성립하는 예가 하나만 있어도 참인 명제가 된다.
즉, 명제 '어떤 $x$에 대하여 $p$이다.'가 참이라는 것은
→ 전체집합 $U$의 원소 중에서 조건 $p$를 만족시키는 원소가 적어도 하나 존재한다는 것을 뜻한다.

**대표 예제 5** '모든' 또는 '어떤'을 포함한 명제

전체집합 $U=\{1, 2, 3, 4\}$에 대하여 $x\in U$일 때, 다음 명제가 참이 되도록 하는 실수 $a$의 최댓값을 구하시오.

어떤 $x$에 대하여 $x^2\geq a$이다.

**유제 5-1** 전체집합 $U=\{-4, -2, 0, 2, 4\}$에 대하여 $x\in U$일 때, 다음 명제가 참이 되도록 하는 실수 $a$의 최댓값을 구하시오.

모든 $x$에 대하여 $|x-1|\geq a$이다.

Tip 전체집합 $U$의 모든 원소 $x$가 부등식 $|x-1|\geq a$를 만족시켜야 한다.

**대표 예제 6** '모든' 또는 '어떤'을 포함한 명제의 부정

다음 명제의 부정을 말하고, 그 것의 참, 거짓을 판별하시오.

어떤 실수 $x$에 대하여 $2x^2+3=0$이다.

**유제 6-1** 명제 '모든 실수 $x$, $y$에 대하여 $x^2+y^2>0$이다.'의 부정을 말하고 그것의 참, 거짓을 판별하시오.

## 교과서 필수 개념 4 명제의 역, 대우 중요

### 1. 명제의 역, 대우

명제 $p \longrightarrow q$에 대하여

(1) 역: 명제 $q \longrightarrow p$를 명제 $p \longrightarrow q$의 역이라 한다. ❶

(2) 대우: 명제 $\sim q \longrightarrow \sim p$를 명제 $p \longrightarrow q$의 대우라 한다. ❷

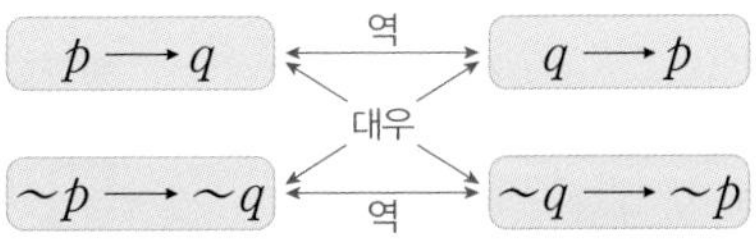


예 명제 '$x>1$이면 $x^2>1$이다.'에 대하여

(1) 역: $x^2>1$이면 $x>1$이다.　　(2) 대우: $x^2 \le 1$이면 $x \le 1$이다.

❶ 명제 $p \longrightarrow q$의 가정과 결론을 서로 바꾸어 놓은 명제이다.

❷ 명제 $p \longrightarrow q$의 가정과 결론을 각각 부정하여 서로 바꾸어 놓은 명제이다.

### 2. 명제와 그 대우의 참, 거짓 ❸

(1) 명제 $p \longrightarrow q$가 참이면 그 대우 $\sim q \longrightarrow \sim p$도 참이다.

(2) 명제 $p \longrightarrow q$가 거짓이면 그 대우 $\sim q \longrightarrow \sim p$도 거짓이다.

예 명제 '$x=1$이면 $x^2=1$이다.'가 참이므로 그 대우인 '$x^2 \ne 1$이면 $x \ne 1$이다.'도 참이다.

주의 명제 $p \longrightarrow q$가 참이라고 해서 그 역 $q \longrightarrow p$가 반드시 참인 것은 아니다.

❸ 명제와 그 대우의 참, 거짓은 항상 일치한다.

### 3. 삼단논법

세 조건 $p$, $q$, $r$에 대하여 명제 $p \longrightarrow q$가 참이고 명제 $q \longrightarrow r$가 참이면 명제 $p \longrightarrow r$도 참이다. ❹

❹ 세 조건 $p$, $q$, $r$의 진리집합을 각각 $P$, $Q$, $R$라 할 때
(i) 명제 $p \longrightarrow q$가 참이면 $P \subset Q$
(ii) 명제 $q \longrightarrow r$가 참이면 $Q \subset R$
(i), (ii)에서 $P \subset R$이므로 명제 $p \longrightarrow r$도 참이다.

---

**대표 예제 7**

명제의 역, 대우의 참, 거짓

Tip 명제가 참이면 그 대우도 참임을 이용한다.

명제 '$x^2+a \ne 0$이면 $x \ne 2$이다.'가 참일 때, 상수 $a$의 값을 구하시오.

**유제 7-1**

명제 '$x^2+ax+b \ne 0$이면 $x \ne -1$이고 $x \ne 2$이다.'가 참일 때, 상수 $a$, $b$에 대하여 $a+b$의 값을 구하시오.

**유제 7-2**

Tip 명제가 거짓이면 그 대우도 거짓임을 이용한다.

$x$, $y$가 실수일 때, 다음 명제 중 그 대우가 거짓인 것을 모두 고르면? (정답 2개)

① $x \ne 0$이면 $x^2>0$이다.
② $x<1$이면 $x^2<1$이다.
③ $x=y$이면 $x^2=y^2$이다.
④ $x=1$이면 $x^2+x=2$이다.
⑤ $xy=0$이면 $x=0$이고 $y=0$이다.

**대표 예제 8**

삼단논법

Tip 명제 $p \longrightarrow q$가 참이면 그 대우 $\sim q \longrightarrow \sim p$도 참이다.

세 조건 $p$, $q$, $r$에 대하여 두 명제 $p \longrightarrow q$, $\sim p \longrightarrow r$가 모두 참일 때, 다음 명제 중 항상 참인 것은?

① $p \longrightarrow r$
② $\sim p \longrightarrow q$
③ $q \longrightarrow p$
④ $\sim q \longrightarrow r$
⑤ $r \longrightarrow \sim p$

**유제 8-1**

세 조건 $p$, $q$, $r$에 대하여 두 명제 $p \longrightarrow \sim q$, $\sim r \longrightarrow p$가 모두 참일 때, 보기에서 항상 참인 명제만을 있는 대로 고르시오.

보기
ㄱ. $p \longrightarrow r$　ㄴ. $q \longrightarrow \sim p$　ㄷ. $q \longrightarrow r$　ㄹ. $\sim r \longrightarrow q$

# 핵심 개념 & 공식 리뷰

해답 ☞ 11쪽

**리뷰 1** ○, ×로 푸는 개념 리뷰

**01** 다음 문장이 참이면 ○표, 거짓이면 ×표를 ( ) 안에 써넣으시오.

(1) $a>0$일 때, 조건 '$|x|>a$'의 부정의 진리집합은 $\{x|-a<x<a\}$이다. ( )

(2) 조건 '$p$ 또는 $q$'의 부정은 '$\sim p$ 또는 $\sim q$'이다. ( )

(3) 명제 $p$가 거짓이면 $\sim p$는 참이다. ( )

(4) 두 조건 $p$, $q$의 진리집합이 각각 $P$, $Q$일 때, $P\subset Q$이면 명제 $p \longrightarrow q$는 참이다. ( )

(5) 명제 '모든 $x$에 대하여 $p$이다.'의 부정은 '모든 $x$에 대하여 $\sim p$이다.'이다. ( )

(6) 명제 $p \longrightarrow q$가 참이면 그 역 $q \longrightarrow p$는 참이다. ( )

(7) 명제 $\sim q \longrightarrow p$가 참이면 그 대우 $\sim p \longrightarrow q$는 참이다. ( )

(8) 세 조건 $p$, $q$, $r$에 대하여 명제 $p \longrightarrow r$가 참이고, 명제 $q \longrightarrow r$가 참이면 명제 $p \longrightarrow q$도 참이다. ( )

**리뷰 2** 명제와 조건

**02** 다음 문장 또는 식이 명제이면 '명', 조건이면 '조'를 ( ) 안에 써넣으시오.

(1) $x-3=0$ ( )

(2) $1+2=4$ ( )

(3) $\sqrt{5}$는 유리수이다. ( )

(4) $x^2\leq 4x+12$ ( )

(5) $x+3>x-2$ ( )

**리뷰 3** 명제의 역, 대우

**03** 다음 명제의 역, 대우를 쓰고, 명제와 그 역, 대우의 참, 거짓을 판별하시오.

(1) $a=0$ 또는 $b=0$이면 $ab=0$이다.

역: ______________________

대우: ______________________

(2) $x^2\geq 1$이면 $x\geq 1$이다.

역: ______________________

대우: ______________________

**04** 세 조건 $p$, $q$, $r$에 대하여 두 명제 $\sim p \longrightarrow \sim q$, $r \longrightarrow \sim p$가 모두 참일 때, 다음 명제 중 항상 참인 것은 'T', 그렇지 않은 것은 'F'를 ( ) 안에 써넣으시오.

(1) $q \longrightarrow p$ ( )

(2) $p \longrightarrow q$ ( )

(3) $p \longrightarrow r$ ( )

(4) $q \longrightarrow \sim r$ ( )

(5) $\sim p \longrightarrow \sim r$ ( )

**05** 전체집합 $U$에 대하여 두 조건 $p$, $q$의 진리집합을 각각 $P$, $Q$라 하자. 명제 $\sim q \longrightarrow p$가 참일 때, 다음 중 항상 참인 것은 'T', 그렇지 않은 것은 'F'를 ( ) 안에 써넣으시오.

(1) $P\subset Q$ ( )

(2) $P^C-Q=\varnothing$ ( )

(3) $P\cap Q^C=Q^C$ ( )

(4) $P^C\subset Q^C$ ( )

(5) $P^C\cup Q=Q$ ( )

# 빈출 문제로 실전 연습

해답 ☞ 11쪽

## 01

/ 명제와 조건 /

다음 중 명제가 <u>아닌</u> 것은?

① 모든 정삼각형은 서로 닮음이다.
② $x=1$이면 $x^2=-1$이다.
③ $x+1=2x-7$
④ 소수는 모두 홀수이다.
⑤ 18의 양의 약수의 개수는 6이다.

## 02

/ 조건과 진리집합 /

전체집합이 정수 전체의 집합일 때, 조건 '$|x-2|\le 2$'의 진리집합의 모든 원소의 합을 구하시오.

내신 빈출

## 03

/ 조건과 진리집합 /

전체집합 $U=\{x|x$는 12의 양의 약수$\}$에 대하여 두 조건

$p$: $x^2>30$, $q$: $x^2-8x+12=0$

일 때, 조건 '$\sim p$ 그리고 $q$'의 진리집합의 원소의 개수를 구하시오.

## 04

/ 명제의 참, 거짓 /

다음 중 명제 '$x<2$이면 $x^2<4$이다.'가 거짓임을 보이기 위한 반례가 될 수 <u>없는</u> 것은?

① $-1$　② $-2$　③ $-3$
④ $-4$　⑤ $-5$

## 05

/ 명제의 참, 거짓 /

세 조건 $p$, $q$, $r$의 진리집합을 각각 $P$, $Q$, $R$라 할 때, 전체집합 $U$와 세 집합 $P$, $Q$, $R$ 사이의 포함 관계를 벤다이어그램으로 나타내면 오른쪽 그림과 같다. 다음 중 항상 참인 명제는?

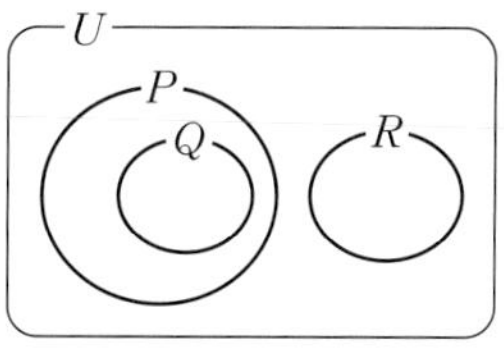


① $p \longrightarrow q$　② $q \longrightarrow r$　③ $r \longrightarrow p$
④ $q \longrightarrow \sim r$　⑤ $\sim p \longrightarrow r$

내신 빈출

## 06

/ 명제의 참, 거짓 /

실수 $x$에 대하여 두 조건 $p$, $q$가 다음과 같다.

$p$: $k\le x<k+1$, $q$: $x^2+3x-10\le 0$

명제 $p \longrightarrow q$가 참이 되도록 하는 정수 $k$의 최댓값을 $M$, 최솟값 $m$이라 할 때, $M-m$의 값을 구하시오.

## 07

/ 명제의 참, 거짓 /

실수 $x$에 대하여 두 조건 $p$, $q$가

$p$: $(x+1)(x-3)\ne 0$, $q$: $-1\le x\le 3$

일 때, 다음 중 참인 명제는?

① $p \longrightarrow q$　② $\sim p \longrightarrow q$　③ $\sim p \longrightarrow \sim q$
④ $q \longrightarrow p$　⑤ $q \longrightarrow \sim p$

## 08

/ '모든' 또는 '어떤'을 포함한 명제 /

명제 '모든 자연수 $x$에 대하여 $x>n-3$이다.'가 참이 되도록 하는 모든 자연수 $n$의 값의 합은?

① 3 ② 4 ③ 5
④ 6 ⑤ 7

내신 빈출

## 09

/ 명제의 역, 대우 /

보기의 명제 중 그 역과 대우가 모두 참인 것만을 있는 대로 고른 것은? (단, $x$, $y$는 실수이다.)

보기
ㄱ. $x^2-y^2=0$이면 $x=-y$이다.
ㄴ. $x^2+y^2=0$이면 $x=0$이고 $y=0$이다.
ㄷ. $x>y$이면 $x^2>y^2$이다.

① ㄱ ② ㄴ ③ ㄱ, ㄴ
④ ㄴ, ㄷ ⑤ ㄱ, ㄴ, ㄷ

## 10

/ 명제의 역, 대우 /

명제 '$x^2-4x-12\geq0$이면 $x<a$ 또는 $x>a+1$이다.'가 참이 되도록 하는 정수 $a$의 개수는?

① 4 ② 5 ③ 6
④ 7 ⑤ 8

# 교과서 속 사고력 UP

## 11

/ 명제의 참, 거짓 /

두 조건

$p$: $x^2-2x-15\geq0$, $q$: $|x-2|\leq a$

에 대하여 명제 $\sim p \longrightarrow q$가 참이 되도록 하는 양수 $a$의 최솟값을 구하시오.

## 12

/ '모든' 또는 '어떤'을 포함한 명제 /

명제 '어떤 실수 $x$에 대하여 $x^2-6x+k<0$이다.'의 부정이 참일 때, 실수 $k$의 최솟값을 구하시오.

## 13

/ 삼단논법 /

두 명제 (가), (나)가 모두 참일 때, 다음 중 항상 참인 명제는?

(가) 진우가 천문대 관람을 신청하면 영지도 천문대 관람을 신청한다.
(나) 진우가 천문대 관람을 신청하지 않으면 희재가 천문대 관람을 신청한다.

① 진우가 천문대 관람을 신청하면 희재는 천문대 관람을 신청하지 않는다.
② 진우가 천문대 관람을 신청하지 않으면 영지도 천문대 관람을 신청하지 않는다.
③ 영지가 천문대 관람을 신청하면 희재도 천문대 관람을 신청한다.
④ 영지가 천문대 관람을 신청하지 않으면 희재가 천문대 관람을 신청한다.
⑤ 희재가 천문대 관람을 신청하면 영지는 천문대 관람을 신청하지 않는다.

# 04강 명제 (2)

개념 1 충분조건과 필요조건
개념 2 명제의 증명
개념 3 절대부등식
개념 4 여러 가지 절대부등식

## 교과서 대표문제로 필수개념완성

해답 ☞ 13쪽

### 교과서 필수 개념 1 충분조건과 필요조건 중요

**1. 충분조건과 필요조건:** 명제 $p \longrightarrow q$가 참일 때, 이것을 기호로 $p \Longrightarrow q$와 같이 나타낸다. 이때 $p$는 $q$이기 위한 충분조건, $q$는 $p$이기 위한 필요조건이라 한다. ❶

$p \Longrightarrow q$
($p$: $q$이기 위한 충분조건, $q$: $p$이기 위한 필요조건)

**2. 필요충분조건:** 명제 $p \longrightarrow q$에 대하여 $p \Longrightarrow q$이고 $q \Longrightarrow p$일 때, 이것을 기호로 $p \Longleftrightarrow q$와 같이 나타낸다. 이때 $p$는 $q$이기 위한 필요충분조건이라 한다. ❷

**3. 충분조건, 필요조건과 진리집합:** 두 조건 $p$, $q$의 진리집합을 각각 $P$, $Q$라 할 때

(1) $P \subset Q$이면 $p \Longrightarrow q$이므로 $p$는 $q$이기 위한 충분조건, $q$는 $p$이기 위한 필요조건이다.

(2) $P = Q$이면 $p \Longleftrightarrow q$이므로 $p$는 $q$이기 위한 필요충분조건이다.

예 두 조건 '$p$: $x=1$', '$q$: $x^2=1$'의 진리집합을 각각 $P$, $Q$라 하면 $P \subset Q$, 즉 $p \Longrightarrow q$이므로 $p$는 $q$이기 위한 충분조건이고, $q$는 $p$이기 위한 필요조건이다. ($P=\{1\}$, $Q=\{-1, 1\}$)

❶ 명제 $p \longrightarrow q$가 거짓일 때, 기호로 $p \not\Longrightarrow q$와 같이 나타낸다.

❷ $p$가 $q$이기 위한 필요충분조건임을 증명하려면 명제 $p \longrightarrow q$와 그 역인 $q \longrightarrow p$가 모두 참임을 증명하면 된다.

**대표 예제 1** 충분조건과 필요조건

Tip $p \Longrightarrow q$이고 $q \not\Longrightarrow p$인 것을 찾는다.

보기에서 $p$는 $q$이기 위한 충분조건이지만 필요조건은 아닌 것만을 있는 대로 고르시오. (단, $a$, $b$는 실수이다.)

보기
ㄱ. $p$: $a=b$, $q$: $a^2=b^2$
ㄴ. $p$: $a+b=0$, $q$: $a=b=0$
ㄷ. $p$: $a^2=b^2$, $q$: $|a|=|b|$
ㄹ. $p$: $a>0$, $q$: $a^2>0$

**유제 1-1** 전체집합 $U$에 대하여 세 조건 $p$, $q$, $r$의 진리집합을 각각 $P$, $Q$, $R$라 할 때, 세 집합 $P$, $Q$, $R$ 사이의 포함 관계를 벤다이어그램으로 나타내면 오른쪽 그림과 같다. 보기에서 항상 옳은 것만을 있는 대로 고르시오.

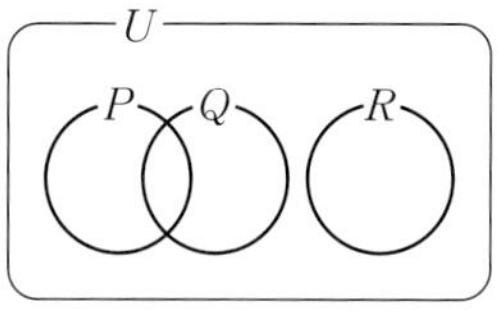


보기
ㄱ. $p$는 $q$이기 위한 필요조건이다.
ㄴ. $q$는 $r$이기 위한 충분조건이다.
ㄷ. $p$는 $\sim r$이기 위한 충분조건이다.

**유제 1-2** 세 조건 '$p$: $1 \le x \le 3$', '$q$: $a \le x \le 5$', '$r$: $b \le x \le 2$'에 대하여 $q$는 $p$이기 위한 필요조건, $r$는 $p$이기 위한 충분조건이다. 실수 $a$, $b$에 대하여 $a$의 최댓값과 $b$의 최솟값의 합을 구하시오.

교과서 필수 개념 2

## 명제의 증명

**1. 정의, 증명, 정리**

(1) 정의: 용어의 뜻을 명확하게 정한 문장

(2) 증명: 명제가 참임을 논리적으로 밝히는 과정

(3) 정리: 참인 명제 ❶

**2. 대우를 이용한 증명**

명제 $p \longrightarrow q$가 참임을 증명할 때, 그 대우 $\sim q \longrightarrow \sim p$가 참임을 증명하면 된다.

**3. 귀류법**

명제 또는 명제의 결론을 부정하여 가정이나 이미 알려진 정리 등에 모순이 됨을 보여서 그 명제가 참임을 증명하는 방법을 귀류법이라 한다. ❷

❶ 정리는 다른 명제를 증명하는 데 사용되기도 한다.

❷ 귀류법은 어떤 명제가 참임을 직접 증명하는 것이 복잡한 경우에 사용한다.

**대표 예제 2**

명제의 증명

다음은 명제 '$n$이 자연수일 때, $n^2$이 짝수이면 $n$도 짝수이다.'가 참임을 그 대우를 이용하여 증명하는 과정이다.

증명

주어진 명제의 대우는 '$n$이 자연수일 때, $n$이 (가) 이면 $n^2$도 (나) 이다.'이다.

$n=2m-1$ ($m$은 자연수)로 놓으면 $n^2=2($ (다) $)+1$이므로 $n^2$은 (나) 이다.

따라서 주어진 명제의 대우가 참이므로 주어진 명제도 참이다.

위의 과정에서 (가), (나), (다)에 알맞은 것을 차례대로 나열한 것은?

① 홀수, 홀수, $2m^2-m$ ② 홀수, 짝수, $2m^2-m$ ③ 홀수, 홀수, $2m^2-2m$

④ 홀수, 짝수, $2m^2-2m$ ⑤ 짝수, 홀수, $2m^2-2m$

**유제 2-1**

Tip 3의 배수가 아닌 자연수는 $3k-2$ 또는 $3k-1$ ($k$는 자연수) 꼴로 나타낼 수 있다.

대우를 이용하여 다음 명제가 참임을 증명하시오.

$n$이 자연수일 때, $n^2$이 3의 배수이면 $n$도 3의 배수이다.

**유제 2-2**

다음은 명제 '$\sqrt{3}$은 무리수이다.'를 귀류법을 이용하여 증명하는 과정이다. (가), (나), (다)에 알맞은 것을 써넣으시오.

증명

$\sqrt{3}$을 (가) 라 가정하면

$\sqrt{3}=\frac{n}{m}$ ($m$, $n$은 (나) 인 자연수)

으로 놓을 수 있다.

$3=\frac{n^2}{m^2}$에서 $n^2=3m^2$ …… ㉠

이때 $n^2$은 (다) 이므로 $n$도 (다) 이다.

따라서 $n=3k$ ($k$는 자연수)로 놓고 ㉠에 대입하면 $m^2=3k^2$

여기서 $m^2$이 3의 배수이므로 $m$도 (다) 가 되어 $m$, $n$이 (나) 라는 가정에 모순이다.

따라서 $\sqrt{3}$은 무리수이다.

## 교과서 필수 개념 3 절대부등식 중요

**1. 절대부등식**

문자를 포함한 부등식에서 그 문자에 어떤 실수를 대입하여도 항상 성립하는 부등식을 절대부등식이라 한다.

예 $x$가 실수일 때, 부등식 $x^2+1>0$은 $x$에 어떤 실수를 대입하여도 항상 성립하므로 절대부등식이다.

**2. 절대부등식을 증명할 때 이용되는 실수의 성질**[1]

$a$, $b$가 실수일 때

(1) $a>b \iff a-b>0$

(2) $a^2\geq 0$

(3) $a^2+b^2\geq 0$

(4) $a^2+b^2=0 \iff a=0,\ b=0$

(5) $|a|^2=a^2$, $|ab|=|a||b|$, $|a|\geq a$

(6) $a>0$, $b>0$일 때, $a>b \iff a^2>b^2$

[1] 등호가 포함된 부등식을 증명할 때에는 특별한 말이 없더라도 등호가 성립하는 경우를 써주어야 한다.

### 대표 예제 3

절대부등식

$x$가 실수일 때, 보기에서 절대부등식인 것만을 있는 대로 고르시오.

보기

ㄱ. $x^2+3>0$　　ㄴ. $x^2>-x-1$　　ㄷ. $x^2+2x+1>0$　　ㄹ. $|x|+x\geq 0$

### 유제 3-1

$a$, $b$가 실수일 때, 다음 중 항상 옳은 것은?

① $|a|+|b|>a+b$　② $|a|+|b|\geq|a-b|$　③ $|a+b|\geq|a-b|$

④ $|a-b|\leq|a|-|b|$　⑤ $a-b\geq|a|-|b|$

### 대표 예제 4

절대부등식의 증명

Tip $a^2+b^2-ab\geq 0$임을 보이면 된다.

다음은 $a$, $b$가 실수일 때, 부등식 $a^2+b^2\geq ab$가 성립함을 증명하는 과정이다. (가), (나)에 알맞은 것을 써넣으시오.

증명

좌변에서 우변을 빼면 $a^2+b^2-ab=\left(a-\frac{b}{2}\right)^2+$ (가)

이때 $a$, $b$가 실수이므로 $\left(a-\frac{b}{2}\right)^2\geq 0$, (가) $\geq 0$

따라서 $a^2+b^2-ab\geq 0$이므로 $a^2+b^2\geq ab$

이때 등호는 (나) 일 때 성립한다.

### 유제 4-1

Tip $(a^2+b^2+1)-(ab+a+b)\geq 0$임을 보이면 된다.

다음은 $a$, $b$가 실수일 때, 부등식 $a^2+b^2+1\geq ab+a+b$가 성립함을 증명하는 과정이다. (가), (나), (다)에 알맞은 것을 써넣으시오.

증명

좌변에서 우변을 빼면 $a^2+b^2+1-($ (가) $)=\frac{1}{2}\{$ (나) $\}^2$

이때 $a$, $b$가 실수이므로 $\frac{1}{2}\{$ (나) $\}^2\geq 0$

따라서 $a^2+b^2+1-($ (가) $)\geq 0$이므로 $a^2+b^2+1\geq ab+a+b$

이때 등호는 (다) 일 때 성립한다.

## 교과서 필수 개념 4 여러 가지 절대부등식

**1. 여러 가지 절대부등식:** $a$, $b$, $c$가 실수일 때

(1) $a^2 \pm ab + b^2 \ge 0$ (단, 등호는 $a=b=0$일 때 성립)

(2) $a^2 + b^2 + c^2 - ab - bc - ca \ge 0$ (단, 등호는 $a=b=c$일 때 성립)

(3) $|a| + |b| \ge |a+b|$ (단, 등호는 $ab \ge 0$일 때 성립)

**2. 산술평균과 기하평균의 관계:** $a>0$, $b>0$일 때,

$\frac{a+b}{2} \ge \sqrt{ab}$ (단, 등호는 $a=b$일 때 성립) ❶

예 $a>0$일 때, 산술평균과 기하평균의 관계에 의하여

$$a + \frac{16}{a} \ge 2\sqrt{a \times \frac{16}{a}} = 2\sqrt{16} = 8 \left(\text{단, 등호는 } a = \frac{16}{a}, \text{ 즉 } a=4\text{일 때 성립}\right)$$

따라서 $a + \frac{16}{a}$의 최솟값은 8이다.

**3. 코시-슈바르츠의 부등식:** $a$, $b$, $x$, $y$가 실수일 때,

$$(a^2+b^2)(x^2+y^2) \ge (ax+by)^2 \left(\text{단, 등호는 } \frac{x}{a} = \frac{y}{b}\text{일 때 성립}\right)$$

❶ 양수 $a$, $b$에 대하여 $\frac{a+b}{2}$를 $a$와 $b$의 산술평균, $\sqrt{ab}$를 $a$와 $b$의 기하평균이라 한다.

---

**대표 예제 5** 산술평균과 기하평균의 관계

다음은 $a>0$, $b>0$일 때, $\frac{a+b}{2} \ge \sqrt{ab}$임을 증명하는 과정이다. (가), (나), (다)에 알맞은 것을 써넣으시오.

**증명**

좌변의 제곱에서 우변의 제곱을 빼면 $\left(\frac{a+b}{2}\right)^2 - (\boxed{(가)})^2 = \frac{(\boxed{(나)})^2}{4} \ge 0$

따라서 $\left(\frac{a+b}{2}\right)^2 - (\boxed{(가)})^2 \ge 0$이므로 $\frac{a+b}{2} \ge \sqrt{ab}$

이때 등호는 $\boxed{(다)}$일 때 성립한다.

**유제 5-1** 양수 $a$, $b$에 대하여 $ab=9$일 때, $a+b$의 최솟값을 구하시오.

**유제 5-2** $a>0$일 때, $\frac{a^2+3a+4}{a}$의 최솟값을 구하시오.

**대표 예제 6** 코시-슈바르츠의 부등식

다음은 $a$, $b$, $x$, $y$가 실수일 때, 부등식 $(a^2+b^2)(x^2+y^2) \ge (ax+by)^2$이 성립함을 증명하는 과정이다. (가), (나), (다)에 알맞은 것을 써넣으시오.

**증명**

좌변에서 우변을 빼면 $(a^2+b^2)(x^2+y^2) - \boxed{(가)} = (\boxed{(나)})^2$

이때 $a$, $b$, $x$, $y$가 실수이므로 $(\boxed{(나)})^2 \ge 0$

따라서 $(a^2+b^2)(x^2+y^2) - (ax+by)^2 \ge 0$이므로 $(a^2+b^2)(x^2+y^2) \ge (ax+by)^2$

이때 등호는 $\boxed{(다)}$일 때 성립한다.

**유제 6-1** 실수 $a$, $b$에 대하여 $a+b=4$일 때, $a^2+b^2$의 최솟값을 구하시오.

# 핵심 개념 & 공식 리뷰

해답 ☞ 15쪽

**리뷰 1** O, ×로 푸는 개념 리뷰

**01** 다음 문장이 참이면 ○표, 거짓이면 ×표를 (  ) 안에 써넣으시오.

(1) 명제 $p \longrightarrow q$가 참일 때, $p$는 $q$이기 위한 필요조건이다. (  )

(2) 두 조건 $p$, $q$의 진리집합을 각각 $P$, $Q$라 할 때, $P=Q$이면 $p$는 $q$이기 위한 필요충분조건이다. (  )

(3) 명제 $p \longrightarrow q$가 참임을 증명할 때, 그 대우 $\sim q \longrightarrow \sim p$가 참임을 증명해도 된다. (  )

(4) $a$, $b$가 실수일 때, $a^2+b^2>0$이다. (  )

(5) $a>0$, $b>0$일 때, $a^2>b^2$이면 $a>b$이다. (  )

(6) $a$, $b$가 실수일 때, $a+b \geq 2\sqrt{ab}$ (등호는 $a=b$일 때 성립)이다. (  )

**리뷰 2** 충분조건과 필요조건

**02** 다음 두 조건 $p$, $q$에 대하여 $p$는 $q$이기 위한 필요조건인 것은 '필', 충분조건인 것은 '충', 필요충분조건인 것은 '필충'을 (  ) 안에 써넣으시오.

(1) $p$: 자연수, $q$: 유리수 (  )

(2) $p$: $x+y$가 짝수, $q$: $x$, $y$가 모두 홀수 (  )

(3) $p$: $x>1$, $q$: $x \geq 1$ (  )

(4) $p$: $3x-2<1$, $q$: $x^2+x \leq 0$ (  )

(5) $p$: $x^2 \leq 4$, $q$: $|x| \leq 2$ (  )

(6) $p$: $A \cap B=B$, $q$: $B \subset A$ (  )

(7) $p$: 사각형 ABCD는 평행사변형,
$q$: 사각형 ABCD는 직사각형 (  )

(8) $p$: $x=0$, $y=0$, $q$: $x+y\sqrt{5}=0$ (단, $x$, $y$는 실수) (  )

**03** 세 조건 $p$, $q$, $r$에 대하여 $p$는 $\sim r$이기 위한 충분조건, $r$는 $\sim q$이기 위한 필요조건일 때, 다음 명제 중 항상 참인 것은 'T', 그렇지 않은 것은 'F'를 (  ) 안에 써넣으시오.

(1) $p \longrightarrow q$ (  ) (2) $q \longrightarrow p$ (  )

(3) $q \longrightarrow \sim r$ (  ) (4) $\sim q \longrightarrow r$ (  )

(5) $r \longrightarrow \sim p$ (  ) (6) $\sim q \longrightarrow p$ (  )

**리뷰 3** 절대부등식

**04** 다음 부등식이 절대부등식인 것은 ○표, 절대부등식이 아닌 것은 ×표를 (  ) 안에 써넣으시오.

(1) $x-5<0$ (  ) (2) $x^2+1 \geq 0$ (  )

(3) $(3x-4)^2>0$ (  ) (4) $x^2-x+1>0$ (  )

(5) $-x^2-1 \leq 2x$ (  ) (6) $x^3+1>0$ (  )

**리뷰 4** 산술평균과 기하평균의 관계

**05** $x>0$, $y>0$일 때, 다음을 구하시오.

(1) $xy=4$일 때, $x+y$의 최솟값

(2) $x+y=12$일 때, $xy$의 최댓값

(3) $xy=8$일 때, $x+2y$의 최솟값

(4) $x+\dfrac{9}{x}$의 최솟값과 그때의 $x$의 값

# 빈출 문제로 실전 연습

**01** ●○○ / 충분조건과 필요조건 /

두 조건 $p$: $x^2+ax+9=0$, $q$: $x=1$에 대하여 $p$는 $q$이기 위한 필요조건일 때, 상수 $a$의 값은?

① $-2$ ② $-4$ ③ $-6$
④ $-8$ ⑤ $-10$

**02** ●◐○ / 충분조건과 필요조건 /

$(x-a)^2=1$은 $x^2+4x+b=0$이기 위한 필요충분조건일 때, 상수 $a$, $b$에 대하여 $a+b$의 값을 구하시오.

**03** ●●○ / 충분조건과 필요조건 /

세 조건 $p$, $q$, $r$에 대하여 $p$는 $q$이기 위한 필요조건이고, $r$는 $q$이기 위한 충분조건일 때, 다음 중 항상 참인 명제는?

① $p \longrightarrow q$ ② $q \longrightarrow r$ ③ $r \longrightarrow p$
④ $p \longrightarrow \sim r$ ⑤ $\sim q \longrightarrow p$

내신 빈출

**04** ●●○ / 충분조건과 필요조건 /

양수 $a$, $b$에 대하여 세 조건 $p$, $q$, $r$가 다음과 같다.

$p$: $x^2-3x-10\le 0$, $q$: $-a\le x\le a$, $r$: $x^2\le b^2$

$p$가 $q$이기 위한 충분조건이 되도록 하는 $a$의 최솟값을 $m$, $p$가 $r$이기 위한 필요조건이 되도록 하는 $b$의 최댓값을 $M$이라 할 때, $m+M$의 값을 구하시오.

**05** ●●◐ / 충분조건과 필요조건 /

실수 $x$, $y$에 대한 다음 조건 중 $|x+y|=|x|+|y|$이기 위한 충분조건이지만 필요조건은 아닌 것을 모두 고르면?

(정답 2개)

① $xy=0$ ② $xy\ge 0$ ③ $xy\le 0$
④ $xy>0$ ⑤ $xy<0$

**06** ●◐○ / 명제의 증명 /

다음은 명제 '$m$, $n$이 자연수일 때, $mn$이 짝수이면 $m$ 또는 $n$도 짝수이다.'를 **증명**하는 과정이다.

> **증명**
>
> 주어진 명제의 대우는
>
> '$m$, $n$이 자연수일 때, $m$, $n$이 모두 [ (가) ]이면 $mn$도 [ (가) ]이다.'
>
> 이다. $m$, $n$이 모두 [ (가) ]이므로
>
> $m=2k+1$, $n=$[ (나) ] ($k$, $l$은 음이 아닌 정수)
>
> 로 놓을 수 있다. 이때
>
> $mn=$[ (다) ]
>
> 이므로 $mn$이 홀수이다.
>
> 따라서 주어진 명제의 대우가 참이므로 주어진 명제도 참이다.

위의 과정에서 (가), (나), (다)에 알맞은 것을 차례대로 나열한 것은?

① 홀수, $2l$, $2(2kl+k+l)$
② 홀수, $2l+1$, $2(2kl+k+l)+1$
③ 홀수, $2l+1$, $4(kl+k+l)+1$
④ 짝수, $2l$, $2(kl+k+l)$
⑤ 짝수, $2l+1$, $4(kl+k+l)$

## 07 ●●○

/ 절대부등식 /

다음은 $a$, $b$가 실수일 때, 부등식 $|a|+|b| \ge |a+b|$가 성립함을 **증명**하는 과정이다. (가), (나), (다)에 알맞은 것을 써넣으시오.

**증명**

$|a|+|b| \ge 0$, $|a+b| \ge 0$이므로 $(|a|+|b|)^2 \ge$ (가)
임을 보이면 된다.

$(|a|+|b|)^2 -$ (가) $= |a|^2 + 2|a||b| + |b|^2 - (a+b)^2$

$= 2($ (나) $) \ge 0$

따라서 $(|a|+|b|)^2 \ge$ (가) 이므로

$|a|+|b| \ge |a+b|$

이때 등호는 (다) 일 때 성립한다.

내신 빈출

## 08 ●●○

/ 여러 가지 절대부등식 /

양수 $a$에 대하여 $4a+\frac{9}{a}$의 최솟값을 $m$, 그때의 $a$의 값을 $k$라 하자. $mk$의 값을 구하시오.

## 09 ●●○

/ 여러 가지 절대부등식 /

실수 $x$, $y$에 대하여 $x^2+y^2=5$일 때, $2x+y$의 최댓값과 최솟값의 곱은?

① $-25$ ② $-20$ ③ $-15$
④ $-10$ ⑤ $-5$

## 교과서 속 사고력 UP

## 10 ●●●

/ 충분조건과 필요조건 /

서로 다른 두 실수 $a$, $b$에 대하여 $x^2-ax+b=0$은 $|x+b|=a$이기 위한 필요충분조건일 때, $a+b$의 값은? (단, $a>0$)

① $\frac{1}{3}$ ② $\frac{2}{3}$ ③ $1$
④ $\frac{4}{3}$ ⑤ $\frac{5}{3}$

## 11 ●●◐

/ 여러 가지 절대부등식 /

오른쪽 그림과 같이 두 점 $(8, 0)$, $(0, 4)$를 지나는 직선 위의 한 점 P에서 $x$축, $y$축에 내린 수선의 발을 각각 Q, R라 하자. 직사각형 OQPR의 넓이의 최댓값은?

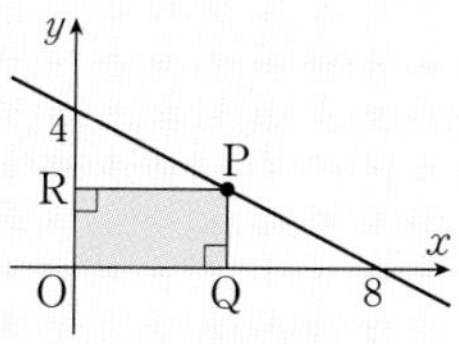


(단, O는 원점이고 점 P는 제1사분면 위의 점이다.)

① 6 ② 7 ③ 8
④ 9 ⑤ 10

## 12 ●●●

/ 여러 가지 절대부등식 /

세 개의 정삼각형이 있다. 이 세 삼각형의 둘레의 길이의 합이 33, 넓이의 합이 $\frac{43\sqrt{3}}{4}$일 때, 세 정삼각형의 한 변의 길이의 최댓값과 최솟값의 합을 구하시오.

05강 Ⅱ. 함수

# 함수



## 교과서 대표문제로 필수개념완성

### 교과서 필수 개념 1 함수

**1. 대응**: 공집합이 아닌 두 집합 $X$, $Y$에 대하여 집합 $X$의 원소에 집합 $Y$의 원소를 짝지어 주는 것을 집합 $X$에서 집합 $Y$로의 대응이라 한다.
└ 집합 $X$의 원소 $x$에 집합 $Y$의 원소 $y$가 대응하는 것을 기호로 $x \longrightarrow y$와 같이 나타낸다.

**2. 함수**: 두 집합 $X$, $Y$에 대하여 집합 $X$의 각 원소에 집합 $Y$의 원소가 오직 하나씩만 대응할 때, 이 대응을 $X$에서 $Y$로의 함수라 한다.[1] 이 함수를 $f$라 하면 기호로 $f: X \longrightarrow Y$와 같이 나타낸다.[2]
(1) 정의역: 집합 $X$ (2) 공역: 집합 $Y$
(3) 치역: 함숫값 전체의 집합 $\{f(x) \mid x \in X\}$
└ 함수의 치역은 공역의 부분집합이다.

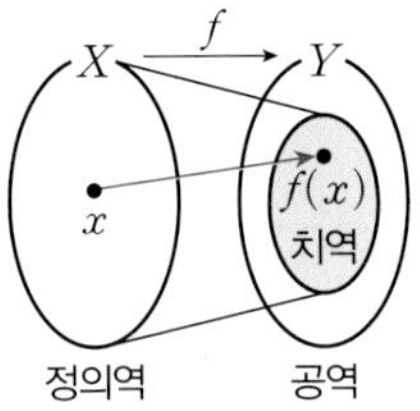


**3. 서로 같은 함수**: 두 함수 $f$, $g$가 정의역과 공역이 각각 같고, 정의역의 모든 원소 $x$에 대하여 $f(x)=g(x)$일 때, 두 함수 $f$와 $g$는 서로 같다고 한다.[3] 기호 $f=g$

**4. 함수의 그래프**: 함수 $f: X \longrightarrow Y$에 대하여 정의역 $X$의 원소 $x$와 이에 대응하는 함숫값 $f(x)$의 순서쌍 전체의 집합, 즉 $\{(x, f(x)) \mid x \in X\}$를 함수 $f$의 그래프라 한다.[4]

❶ 집합 $X$의 원소 중 어떤 원소에 대응하는 집합 $Y$의 원소가 하나도 없거나 2개 이상이면 함수가 아니다.

❷ 함수 $y=f(x)$의 정의역이나 공역이 주어져 있지 않을 때에는 정의역은 $f$가 정의되는 실수 $x$의 값 전체의 집합으로, 공역은 실수 전체의 집합으로 생각한다.

❸ 두 함수 $f$, $g$가 서로 같지 않을 때에는 기호로 $f \neq g$와 같이 나타낸다.

❹ 함수의 그래프는 정의역의 각 원소 $a$에 대하여 직선 $x=a$와 오직 한 점에서 만난다.

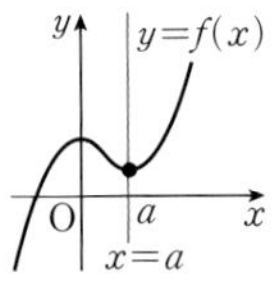


**대표 예제 1** 함수의 뜻

다음 대응 중 집합 $X$에서 집합 $Y$로의 함수인 것을 찾고, 함수인 것은 정의역과 치역을 구하시오.

(1)
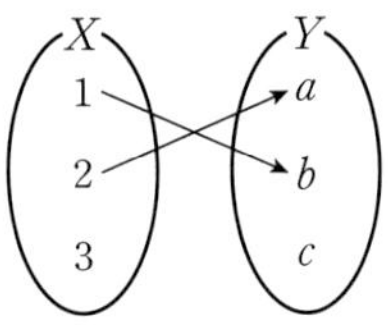


(2)
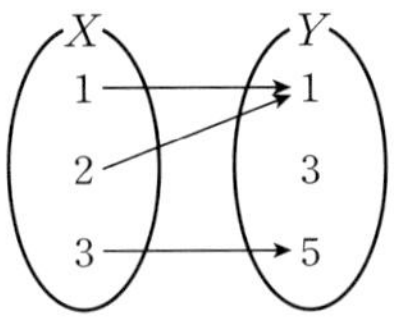


(3)
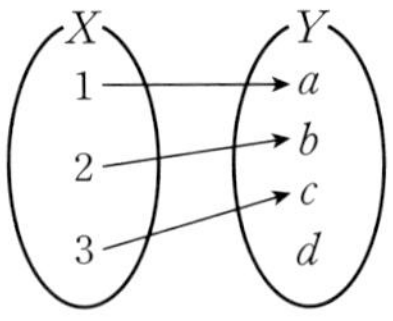


**유제 1-1** 두 집합 $X=\{-1, 0, 1\}$, $Y=\{1, 2, 3\}$에 대하여 다음 보기의 대응 중 $X$에서 $Y$로의 함수인 것만을 있는 대로 고르시오.

보기
ㄱ. $x \longrightarrow x+2$
ㄴ. $x \longrightarrow (x-1)^2$
ㄷ. $x \longrightarrow |x|+2$

**대표 예제 2** 서로 같은 함수

정의역이 $\{-1, 1\}$인 두 함수 $f(x)=x^2+3x$, $g(x)=ax+b$가 $f=g$일 때, 상수 $a$, $b$의 값을 구하시오.

**유제 2-1** 정의역이 $\{1, 2\}$인 두 함수 $f$, $g$에 대하여 보기에서 $f=g$인 것만을 있는 대로 고르시오.

Tip 정의역의 각 원소에 대한 두 함수의 함숫값이 서로 일치하는지 모두 확인한다.

보기
ㄱ. $f(x)=x+1$, $g(x)=3-x$
ㄴ. $f(x)=2$, $g(x)=x$
ㄷ. $f(x)=3x-1$, $g(x)=x^2+1$

## 교과서 필수 개념 2 여러 가지 함수 중요

(1) **일대일함수:** 함수 $f: X \longrightarrow Y$에서 정의역 $X$의 임의의 두 원소 $x_1$, $x_2$에 대하여

$x_1 \neq x_2$이면 $f(x_1) \neq f(x_2)$

가 성립할 때, 이 함수 $f$를 일대일함수라 한다. ❶

(2) **일대일대응:** 함수 $f: X \longrightarrow Y$가 일대일함수이고 치역과 공역이 서로 같을 때, 함수 $f$를 일대일대응이라 한다. ❷

(3) **항등함수:** 함수 $f: X \longrightarrow X$에서 정의역 $X$의 각 원소 $x$에 그 자신 $x$가 대응할 때, 즉 $f(x)=x$일 때, 이 함수 $f$를 집합 $X$에서의 항등함수라 한다. ❸

(4) **상수함수:** 함수 $f: X \longrightarrow Y$에서 정의역 $X$의 모든 원소 $x$에 공역 $Y$의 단 하나의 원소가 대응할 때, 즉 $f(x)=c$ ($c$는 상수, $c \in Y$)일 때, 이 함수 $f$를 상수함수라 한다. ❹

❶ 일대일함수는 정의역의 서로 다른 원소에 공역의 서로 다른 원소가 대응한다.

❷ 일대일대응이면 일대일함수이지만, 일대일함수라고 해서 모두 일대일대응인 것은 아니다.

❸ 항등함수는 일대일대응이다.

❹ 상수함수의 치역의 원소의 개수는 1이다.

Core 특강

**여러 가지 함수의 개수**

함수 $f: X \longrightarrow Y$에서 두 집합 $X$, $Y$의 원소의 개수가 각각 $m$, $n$일 때

(1) 함수의 개수: $\underbrace{n \times n \times \cdots \times n}_{m\text{개}} = n^m$

(2) 일대일함수의 개수: $n(n-1)(n-2) \times \cdots \times (n-m+1)$ (단, $n \geq m$)

(3) 일대일대응의 개수: $n(n-1)(n-2) \times \cdots \times 2 \times 1$ (단, $m=n$)

(4) 상수함수의 개수: $n$

### 대표 예제 3

일대일함수와 일대일대응

다음 함수 $f: X \longrightarrow Y$ 중 일대일함수, 일대일대응인 것을 모두 찾으시오.

(1)

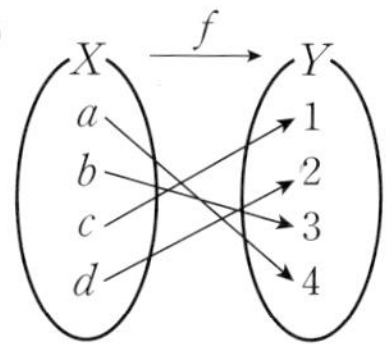

(2)

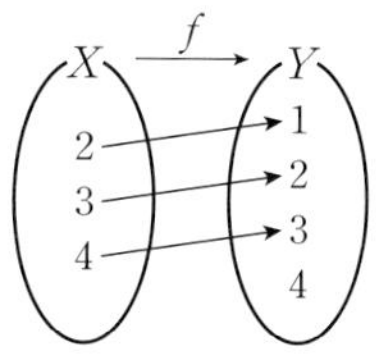

(3)

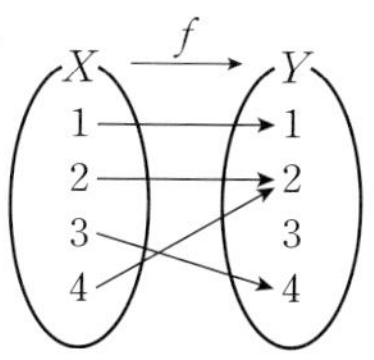

### 유제 3-1

Tip 일대일함수의 그래프는 치역의 임의의 원소 $k$에 대하여 직선 $y=k$와 교점이 항상 1개이다.

다음 보기에서 일대일함수의 그래프인 것을 있는 대로 고르시오.

보기

ㄱ.

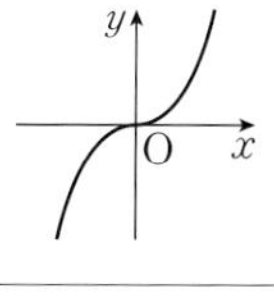

ㄴ.

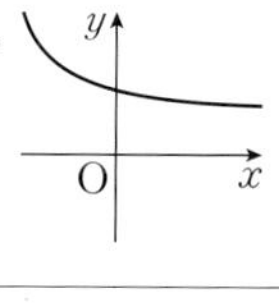

ㄷ.

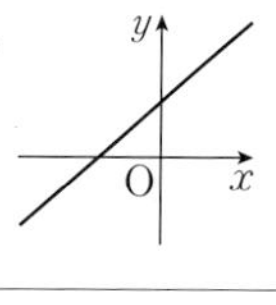

ㄹ.

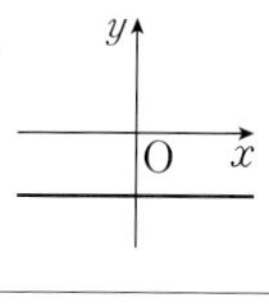

### 대표 예제 4

여러 가지 함수의 성질

Tip 함수 $g$는 항등함수이므로 $g(x)=x$이다. 즉, $g(3)=3$

두 집합 $X=\{1, 2, 3\}$, $Y=\{1, 2, 3, 4\}$에 대하여 함수 $f$는 $X$에서 $Y$로의 일대일함수이고, 함수 $g$는 $X$에서 $X$로의 항등함수이다. $f(1)=1$, $f(2)=g(3)$일 때, $f(3)$의 값이 될 수 있는 것을 모두 구하시오.

### 유제 4-1

집합 $X=\{1, 2, 3, 4\}$에 대하여 두 함수 $f$, $g$는 각각 $X$에서 $X$로의 상수함수, 항등함수이다. $f(1)=g(2)$일 때, $f(3)+g(4)$의 값을 구하시오.

### 유제 4-2

집합 $X=\{-1, 0, 1\}$에 대하여 $X$에서 $X$로의 함수 중 일대일대응의 개수를 $a$, 항등함수의 개수를 $b$, 상수함수의 개수를 $c$라 할 때, $a+b+c$의 값을 구하시오.

## 교과서 필수 개념 3 합성함수 중요

### 1. 합성함수

세 집합 $X$, $Y$, $Z$에 대하여 두 함수

$f: X \longrightarrow Y$, $g: Y \longrightarrow Z$ ❶

일 때, 집합 $X$의 각 원소 $x$에 집합 $Z$의 원소 $g(f(x))$를 대응시켜서 만든 새로운 함수를 $f$와 $g$의 합성함수라 하고 기호로 $g \circ f$와 같이 나타낸다.

└ $X$를 정의역, $Z$를 공역으로 한다.

또, 합성함수 $g \circ f$에서 $x$의 함숫값을 기호로 $(g \circ f)(x)$와 같이 나타낸다. 즉,

$g \circ f: X \longrightarrow Z$, $(g \circ f)(x) = g(f(x))$ ❷

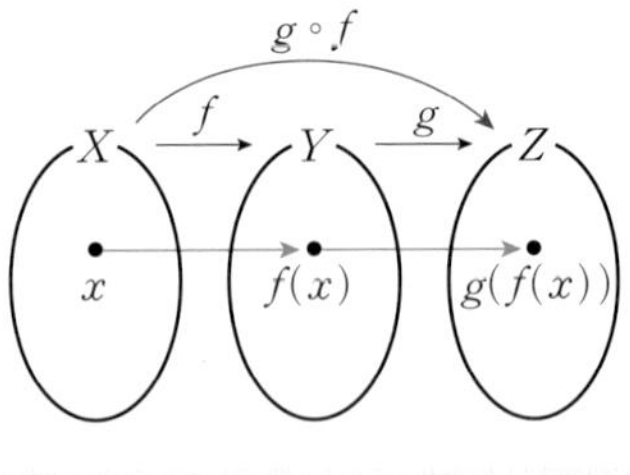


예 두 함수 $f: X \longrightarrow Y$, $g: Y \longrightarrow X$가 오른쪽 그림과 같을 때,

$(g \circ f)(1) = g(f(1)) = g(a) = 2$
$(g \circ f)(2) = g(f(2)) = g(c) = 1$
$(g \circ f)(3) = g(f(3)) = g(b) = 3$
$(g \circ f)(4) = g(f(4)) = g(d) = 4$

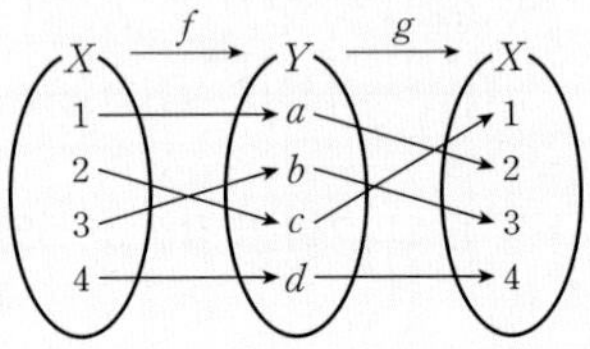


❶ $X$의 각 원소 $x$에 대하여 $f(x)$는 $Y$의 원소이고, $Y$의 원소 $f(x)$에 대하여 $g(f(x))$는 $Z$의 원소이다.

❷ 두 함수 $f$, $g$에 대하여 $f$의 치역이 $g$의 정의역의 부분집합일 때, 합성함수 $g \circ f$를 정의할 수 있다.

### 2. 합성함수의 성질

세 함수 $f$, $g$, $h$에 대하여

(1) $f \circ g \neq g \circ f$ ← 교환법칙이 성립하지 않는다.

(2) $f \circ (g \circ h) = (f \circ g) \circ h$ ❸ ← 결합법칙이 성립한다.

(3) $f: X \longrightarrow X$일 때, $f \circ I = I \circ f = f$ (단, $I$는 $X$에서의 항등함수)

❸ 결합법칙이 성립하므로 괄호를 생략하여 $f \circ g \circ h$로 쓰기도 한다.

**대표 예제 5** 합성함수의 성질

두 함수 $f(x) = 2x + 3$, $g(x) = x^2 - 5$에 대하여 다음을 구하시오.

(1) $(g \circ f)(x)$ (2) $(f \circ g)(x)$

**유제 5-1** 세 함수 $f(x) = 2x$, $g(x) = x^2$, $h(x) = 1 - x$에 대하여 다음을 구하시오.

(1) $((f \circ g) \circ h)(x)$ (2) $(f \circ (g \circ h))(x)$

**대표 예제 6** 합성함수의 함숫값

함수 $f(x) = \begin{cases} x+1 & (x\text{는 짝수}) \\ 2x & (x\text{는 홀수}) \end{cases}$에 대하여 $(f \circ f \circ f)(2)$의 값을 구하시오.

**유제 6-1** 함수 $f(x) = \begin{cases} -x+3 & (x \geq 0) \\ -x+2 & (x < 0) \end{cases}$에 대하여 $(f \circ f)(-1)$의 값을 구하시오.

**유제 6-2** 두 함수 $f(x) = ax + 2$, $g(x) = bx + c$에 대하여

$(g \circ f)(x) = 2x + 1$, $f(-2) = 0$

일 때, 상수 $a$, $b$, $c$에 대하여 $abc$의 값을 구하시오.

## 교과서 필수 개념 4 역함수

### 1. 역함수

함수 $f: X \longrightarrow Y$가 일대일대응일 때, 집합 $Y$의 각 원소 $y$에 $f(x)=y$인 집합 $X$의 원소 $x$를 대응시켜서 만든 새로운 함수를 $f$의 역함수라 하고 기호로

$Y$를 정의역, $X$를 공역으로 한다.

$f^{-1}: Y \longrightarrow X,\ x=f^{-1}(y)$ ❶

와 같이 나타낸다.

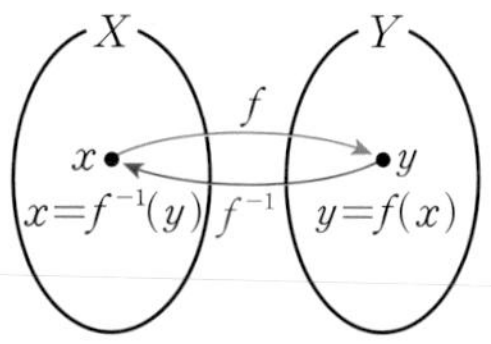


### 2. 역함수 구하기

함수 $y=f(x)$의 역함수는 다음 순서로 구한다. ← $y=3x-2$의 역함수 구하기

(i) 주어진 함수 $y=f(x)$가 일대일대응인지 확인한다. ❷ ← $y=3x-2$는 일대일대응이다.

(ii) $y=f(x)$를 $x$에 대하여 푼다. ← $x=\frac{1}{3}y+\frac{2}{3}$

(iii) $x$와 $y$를 서로 바꾸어 $y=f^{-1}(x)$로 나타낸다. ❸ ← 역함수는 $y=\frac{1}{3}x+\frac{2}{3}$

❶ 함수 $f: X \longrightarrow Y$가 일대일대응이고 $x \in X$, $y \in Y$일 때
① 역함수 $f^{-1}: Y \longrightarrow X$가 존재한다.
② $y=f(x) \Longleftrightarrow x=f^{-1}(y)$

❷ 함수 $f$가 일대일대응일 때에만 함수 $f$의 역함수가 존재한다.

❸ 함수 $f$의 치역이 역함수 $f^{-1}$의 정의역이 되고, 함수 $f$의 정의역이 역함수 $f^{-1}$의 치역이 된다.

**대표 예제 7** 역함수 구하기

다음 함수의 역함수를 구하시오.

(1) $y=-x+7$ (2) $y=\frac{1}{3}x+1$

**유제 7-1** 함수 $f(x)=-\frac{1}{2}x+6$의 역함수가 $f^{-1}(x)=ax+b$일 때, 상수 $a$, $b$에 대하여 $ab$의 값을 구하시오.

## 교과서 필수 개념 5 역함수의 성질 중요

### 1. 역함수의 성질

(1) 함수 $f: X \longrightarrow Y$와 그 역함수 $f^{-1}: Y \longrightarrow X$에 대하여

① $(f^{-1}\circ f)(x)=x\ (x\in X)$, $(f\circ f^{-1})(y)=y\ (y\in Y)$
(집합 $X$에서의 항등함수, 집합 $Y$에서의 항등함수)

② $(f^{-1})^{-1}(x)=f(x)\ (x\in X)$ ❶

③ 두 함수 $f$, $g$의 역함수를 각각 $f^{-1}$, $g^{-1}$라 할 때, $(f\circ g)^{-1}=g^{-1}\circ f^{-1}$

### 2. 역함수의 그래프의 성질

함수 $y=f(x)$의 그래프와 그 역함수 $y=f^{-1}(x)$의 그래프는 직선 $y=x$에 대하여 대칭이다. ❷

❶ 함수 $f$의 역함수의 역함수는 $f$이다.

❷ 함수 $y=f(x)$의 그래프가 점 $(a, b)$를 지나면 역함수 $y=f^{-1}(x)$의 그래프는 점 $(b, a)$를 지난다.

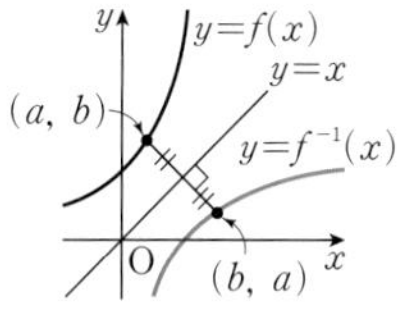


**대표 예제 8** 역함수의 성질

Tip (1) $f(a)=b$이면 $f^{-1}(b)=a$

함수 $f(x)=2x-8$에 대하여 다음을 구하시오.

(1) $f^{-1}(-2)$ (2) $(f^{-1})^{-1}(5)$

**유제 8-1** 두 함수 $f(x)=5x+1$, $g(x)=2x$에 대하여 다음을 구하시오.

Tip (3) $(f^{-1}\circ g)^{-1}=g^{-1}\circ f$

(1) $(f^{-1})^{-1}(-3)$ (2) $(g^{-1}\circ g)(2)$ (3) $(f^{-1}\circ g)^{-1}(-1)$

**유제 8-2** 두 함수 $f(x)=-4x+1$, $g(x)=3x-2$에 대하여 $(g^{-1}\circ f)^{-1}(k)=-3$을 만족시키는 $k$의 값을 구하시오.

# 핵심 개념 & 공식 리뷰

해답 ☞ 19쪽

## 리뷰 1 ○, ×로 푸는 개념 리뷰

**01** 다음 문장이 참이면 ○표, 거짓이면 ×표를 ( ) 안에 써넣으시오.

(1) 함수의 공역은 항상 치역의 부분집합이다. ( )

(2) 함수 $f$: $X \longrightarrow Y$에서 정의역 $X$의 두 원소 $x_1$, $x_2$에 대하여 $x_1 \neq x_2$이면 $f(x_1) \neq f(x_2)$가 성립할 때, 함수 $f$는 일대일함수이다. ( )

(3) 공역과 치역이 같으면 일대일대응이다. ( )

(4) 모든 일대일함수는 일대일대응이다. ( )

(5) 상수함수의 치역은 원소의 개수가 1이다. ( )

(6) 두 함수 $f(x)$, $g(x)$에 대하여 $f \circ g = g \circ f$이다. ( )

(7) 함수 $f$가 일대일함수이면 함수 $f$의 역함수가 존재한다. ( )

(8) 함수 $f$의 치역이 역함수 $f^{-1}$의 정의역이 된다. ( )

(9) 두 함수 $f$, $g$의 역함수를 각각 $f^{-1}$, $g^{-1}$라 할 때, $(g \circ f)^{-1} = g^{-1} \circ f^{-1}$이다. ( )

(10) 함수 $y=f(x)$의 그래프가 점 (3, 4)를 지나면 역함수 $y=f^{-1}(x)$의 그래프는 점 (4, 3)을 지난다. ( )

## 리뷰 2 함수

**02** 다음 대응 중 집합 $X$에서 집합 $Y$로의 함수인 것을 찾고, 함수인 것은 치역을 구하시오.

(1)
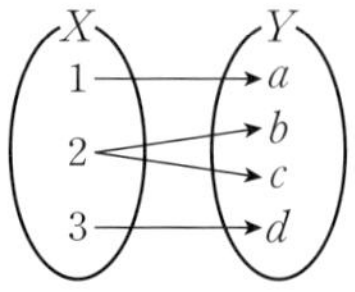

(2)
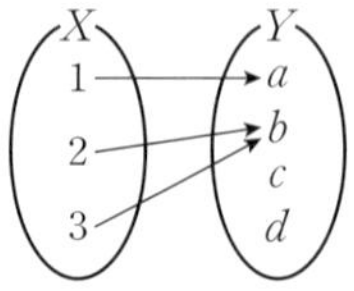

(3)
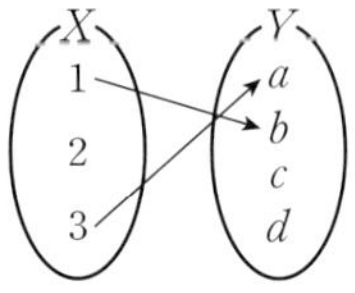

(4)
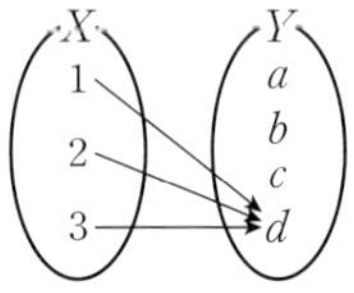

## 리뷰 3 여러 가지 함수

**03** 다음 중 일대일함수, 일대일대응, 항등함수, 상수함수의 그래프인 것을 각각 찾으시오.

(1)
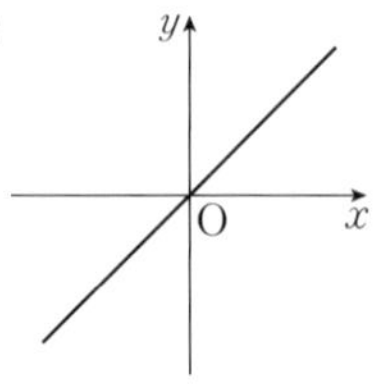

(2)
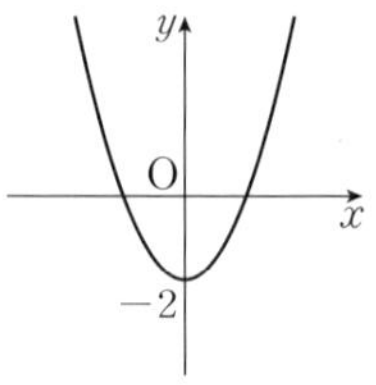

(3)
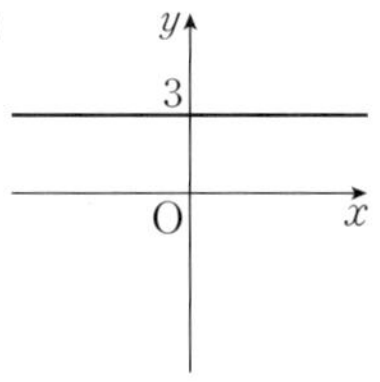

(4)
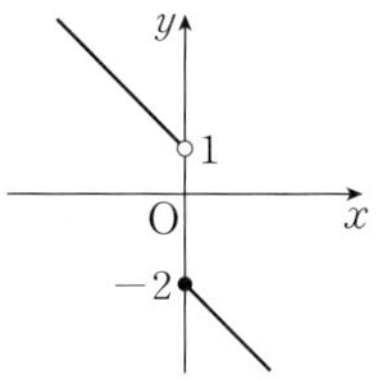

## 리뷰 4 역함수

**04** 함수 $f(x)=3x-4$에 대하여 다음을 만족시키는 $a$의 값을 구하시오.

(1) $f^{-1}(5)=a$  (2) $f^{-1}(-1)=a$

(3) $f^{-1}(a)=2$  (4) $f^{-1}(a)=7$

## 리뷰 5 합성함수와 역함수의 함숫값

**05** 두 함수 $f(x)=-x+1$, $g(x)=2x+1$에 대하여 다음을 구하시오.

(1) $(f \circ f^{-1})(-6)$  (2) $(g^{-1})^{-1}(5)$

(3) $(f \circ g)(2)$  (4) $(g \circ f)(2)$

(5) $(g^{-1} \circ f^{-1})^{-1}(-2)$  (6) $(f^{-1} \circ g)^{-1}(0)$

# 빈출 문제로 실전 연습

해답 ☞ 20쪽

## 01 ●○○
/ 함수의 뜻 /

다음 **보기**의 대응 중 집합 $X$에서 집합 $Y$로의 함수인 것만을 있는 대로 고른 것은?

**보기**

ㄱ.

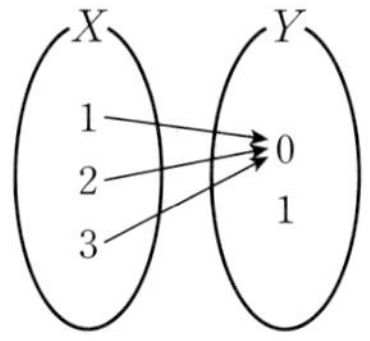


ㄴ.

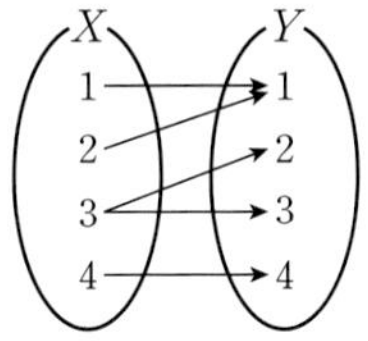


ㄷ. $X=\{-1, 1\}$, $Y=\{2\}$에 대하여 $x \longrightarrow 2x^2$

① ㄱ　② ㄴ　③ ㄷ
④ ㄱ, ㄴ　⑤ ㄱ, ㄷ

## 02 ●●○
/ 함숫값 /

함수 $f(x)=\begin{cases} x+3 & (x\text{는 유리수}) \\ -x+1 & (x\text{는 무리수}) \end{cases}$에 대하여
$f(\sqrt{2}-1)+f(-\sqrt{2}-1)+f(1)$의 값은?

① $2\sqrt{2}$　② 8　③ $2\sqrt{2}+6$
④ $2\sqrt{2}+8$　⑤ 14

## 03 ●◐○
/ 함숫값 /

실수 전체의 집합에서 정의된 함수 $f$가 $f(2x-3)=3x-5$를 만족시킬 때, $f(1)+f(5)$의 값은?

① 6　② 7　③ 8
④ 9　⑤ 10

## 04 ●●○
/ 서로 같은 함수 /

두 함수 $f$, $g$가 집합 $\{-1, 0\}$에서 정의된 함수일 때, **보기**에서 $f=g$인 것만을 있는 대로 고른 것은?

**보기**

ㄱ. $f(x)=|x|$, $g(x)=x^4$
ㄴ. $f(x)=-x$, $g(x)=x^2$
ㄷ. $f(x)=\begin{cases} 2 & (x\ge 0) \\ -1 & (x<0) \end{cases}$, $g(x)=3x+2$

① ㄱ　② ㄴ　③ ㄱ, ㄴ
④ ㄴ, ㄷ　⑤ ㄱ, ㄴ, ㄷ

## 05 ●◐○
/ 함수의 그래프 /

다음 중 함수의 그래프인 것을 모두 고르면? (정답 2개)

①
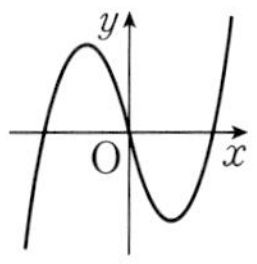


②
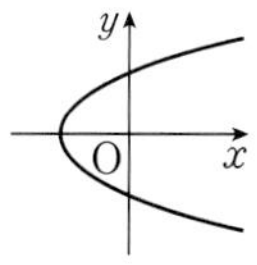


③
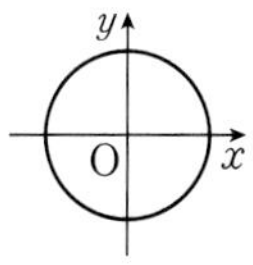


④
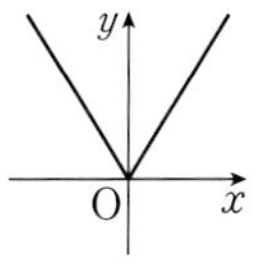


⑤
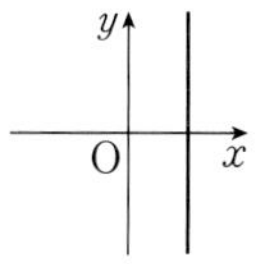


내신 빈출

## 06 ●●○
/ 일대일대응 /

두 집합 $X=\{x|-2\le x\le 3\}$, $Y=\{y|-1\le y\le 14\}$에 대하여 $X$에서 $Y$로의 함수 $f(x)=ax+b$가 일대일대응일 때, $a+b$의 값은? (단, $a$, $b$는 상수이고, $a>0$이다.)

① 2　② 4　③ 6
④ 8　⑤ 10

내신 빈출

## 07 ●◐○

/ 합성함수 /

두 함수 $f(x)=2x-5$, $g(x)=x^2+2$에 대하여 $(g\circ f)(1)+(f\circ g)(-2)$의 값은?

① 12 ② 14 ③ 16
④ 18 ⑤ 20

## 08 ●●○

/ 합성함수 /

두 함수 $f(x)=3x+k$, $g(x)=-x+5$에 대하여 $f\circ g=g\circ f$가 성립할 때, 상수 $k$의 값을 구하시오.

## 09 ●●○

/ 역함수 /

실수 전체의 집합에서 정의된 함수 $f(x)=ax+b$에 대하여 $f^{-1}(3)=0$, $f^{-1}(7)=-2$일 때, $ab$의 값은?

(단, $a$, $b$는 상수이다.)

① $-12$ ② $-6$ ③ 6
④ 12 ⑤ 18

## 10 ●●○

/ 합성함수와 역함수의 성질 /

두 함수 $f(x)=-2x+1$, $g(x)=x+3$에 대하여 $(f\circ(g\circ f)^{-1}\circ f)(2)$의 값을 구하시오.

# 교과서 속 사고력 UP

## 11 ●●●

/ 항등함수 /

집합 $X$에서 $X$로의 함수 $f(x)=x^2-3x+3$이 항등함수가 되도록 하는 집합 $X$의 개수는? (단, $X\neq\varnothing$)

① 1 ② 2 ③ 3
④ 4 ⑤ 5

## 12 ●●●

/ 합성함수 /

집합 $X=\{x\,|\,0\leq x\leq 3\}$에 대하여 $X$에서 $X$로의 함수 $y=f(x)$의 그래프가 오른쪽 그림과 같다.

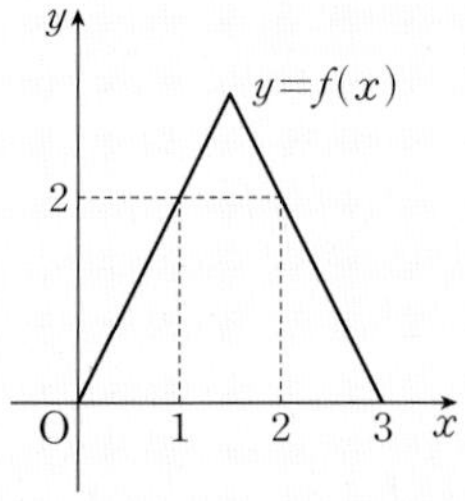


$f^1(x)=f(x)$,

$f^{n+1}(x)=(f\circ f^n)(x)$

($n$은 자연수)

로 정의할 때,

$f(1)+f^2(1)+f^3(1)+\cdots+f^{20}(1)$

의 값을 구하시오.

## 13 ●●●

/ 합성함수와 역함수의 성질 /

함수 $y=f(x)$의 그래프와 직선 $y=x$가 오른쪽 그림과 같을 때, $(f^{-1}\circ f^{-1})(k)=c$를 만족시키는 실수 $k$의 값은? (단, 모든 점선은 $x$축 또는 $y$축에 평행하다.)

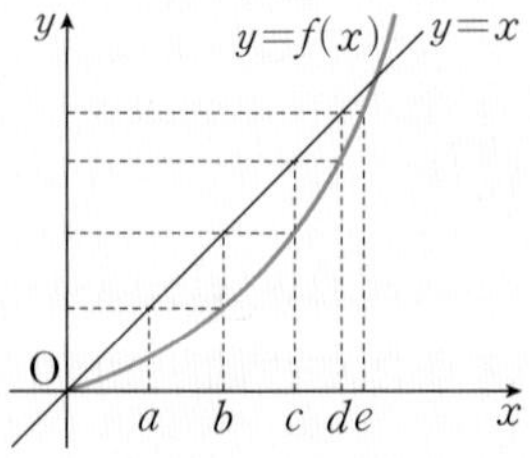


① $a$ ② $b$ ③ $c$
④ $d$ ⑤ $e$

06 강 Ⅱ. 함수

# 유리함수

개념 1 유리식
개념 2 특수한 형태의 분수식의 계산
개념 3 유리함수의 뜻
개념 4 유리함수 $y=\frac{k}{x}$ $(k\neq0)$의 그래프
개념 5 유리함수 $y=\frac{k}{x-p}+q$ $(k\neq0)$의 그래프

## 교과서 대표문제로 필수개념완성

해답 ☞ 21쪽

### 교과서 필수 개념 1 유리식

**1. 유리식**

두 다항식 $A$, $B(B\neq0)$에 대하여 $\frac{A}{B}$ 꼴로 나타내어지는 식❶

참고 분모 $B$가 0이 아닌 상수이면 $\frac{A}{B}$는 다항식이므로 다항식도 유리식이다.

예 $\frac{1}{x}$, $\frac{x+y}{x^2}$, $x-3$ ← 다항식은 유리식이다.

❶ 다항식이 아닌 유리식을 분수식이라 한다.

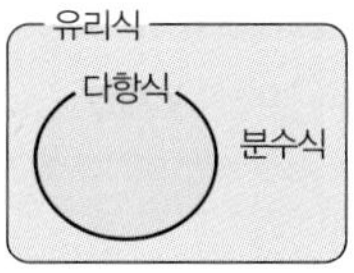


**2. 유리식의 성질**

세 다항식 $A$, $B$, $C$ $(B\neq0,\ C\neq0)$에 대하여

(1) $\frac{A}{B}=\frac{A\times C}{B\times C}$  (2) $\frac{A}{B}=\frac{A\div C}{B\div C}$

참고 유리식을 통분할 때에는 (1)을, 약분할 때에는 (2)를 이용한다.

**3. 유리식의 계산**

네 다항식 $A$, $B$, $C$, $D$에 대하여❷

(1) $\frac{A}{C}+\frac{B}{C}=\frac{A+B}{C}$ (단, $C\neq0$)  (2) $\frac{A}{C}-\frac{B}{C}=\frac{A-B}{C}$ (단, $C\neq0$)

(3) $\frac{A}{B}\times\frac{C}{D}=\frac{AC}{BD}$ (단, $BD\neq0$)  (4) $\frac{A}{B}\div\frac{C}{D}=\frac{A}{B}\times\frac{D}{C}=\frac{AD}{BC}$ (단, $BCD\neq0$)

❷ 유리식의 계산은 유리수의 계산과 같은 방법으로 한다.

**대표 예제 1**

유리식의 계산

Tip (3), (4) 분모, 분자를 각각 인수분해하여 계산한다.

다음을 계산하시오.

(1) $\frac{1}{x}-\frac{1}{x+1}$  (2) $\frac{x+1}{x-2}+\frac{2x}{x+2}$

(3) $\frac{x^2-1}{x^2+3x}\times\frac{x}{x+1}$  (4) $\frac{x}{x^2-16}\div\frac{x^2}{x+4}$

**유제 1-1** 다음을 계산하시오.

(1) $\frac{1}{(x-1)(x+2)}+\frac{2}{(x+2)(x+3)}$  (2) $\frac{x-2}{x-3}-\frac{x+3}{x+2}$

(3) $\frac{x^2+2x-3}{x^2+x-2}\times\frac{x^2-1}{x+3}$  (4) $\frac{x^2-4}{x+5}\div\frac{x-2}{x^2+4x-5}$

## 교과서 필수 개념 2 특수한 형태의 분수식의 계산

**부분분수로의 변형:** 두 다항식 $A$, $B$에 대하여

$$\frac{1}{AB}=\frac{1}{B-A}\left(\frac{1}{A}-\frac{1}{B}\right)\ (\text{단, } A\neq B)$$ ❶

예 $\frac{1}{x(x+1)}=\frac{1}{(x+1)-x}\left(\frac{1}{x}-\frac{1}{x+1}\right)=\frac{1}{x}-\frac{1}{x+1}$

참고 분자 또는 분모가 분수식일 때에는 분자에 분모의 역수를 곱하여 계산한다. ❷

❶ 분수식의 분모가 두 개 이상의 다항식의 곱인 경우 부분분수로의 변형을 이용하면 편리하다.

❷ $\dfrac{\frac{A}{C}}{\frac{B}{D}}=\frac{A}{C}\div\frac{B}{D}=\frac{A}{C}\times\frac{D}{B}=\frac{AD}{BC}$

Core 특강 **비례식의 성질을 이용하여 유리식의 값 구하기**

0이 아닌 실수 $k$에 대하여

(1) $a:b=c:d \Longleftrightarrow$
- $\frac{a}{b}=\frac{c}{d}$이므로 $\frac{a}{b}=\frac{c}{d}=k$로 놓으면 $a=bk$, $c=dk$
- $\frac{a}{c}=\frac{b}{d}$이므로 $\frac{a}{c}=\frac{b}{d}=k$로 놓으면 $a=ck$, $b=dk$

(2) $a:b:c=d:e:f \Longleftrightarrow \frac{a}{d}=\frac{b}{e}=\frac{c}{f}$이므로

$\frac{a}{d}=\frac{b}{e}=\frac{c}{f}=k$로 놓으면 $a=dk$, $b=ek$, $c=fk$

**대표 예제 2** 특수한 형태의 분수식의 계산

$\frac{1}{x(x+1)}+\frac{2}{(x+1)(x+3)}+\frac{2}{(x+3)(x+5)}$를 계산하시오.

**유제 2-1** $\frac{2}{x^2-2x}+\frac{2}{x^2+2x}$를 계산하시오.

Tip 분모를 인수분해한 후 계산한다.

**유제 2-2** $x:y=2:3$일 때, $\frac{2x+3y}{3x+2y}$를 계산하시오.

## 교과서 필수 개념 3 유리함수의 뜻

**1. 유리함수:** 함수 $y=f(x)$에서 $f(x)$가 $x$에 대한 유리식인 함수 ❶

예 $y=\frac{3}{2-x}$, $y=-\frac{3}{2x+1}$, $y=x+1$ ← 다항함수는 유리함수이다.

**2. 유리함수의 정의역:** 유리함수에서 정의역이 주어지지 않은 경우에는 분모가 0이 되지 않도록 하는 실수 전체의 집합을 정의역으로 한다.

예 유리함수 $y=\frac{1}{x-2}$의 정의역은 (분모)$\neq 0$, 즉 $x-2\neq 0$인 실수 전체의 집합이므로 $\{x\,|\,x\neq 2\text{인 실수}\}$ 이다.

❶ 함수 $y=f(x)$에서 $f(x)$가 $x$에 대한 다항식일 때, 이 함수를 다항함수라 한다.

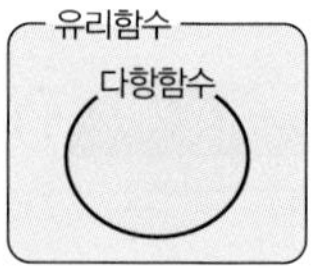


**대표 예제 3** 유리함수의 정의역

다음 유리함수의 정의역을 구하시오.

(1) $y=\frac{2}{x+3}$

(2) $y=\frac{1}{x}+\frac{2}{x+2}$

**유제 3-1** 다음 유리함수의 정의역을 구하시오.

(1) $y=\frac{3x-2}{2x+1}$

(2) $y=\frac{4x}{x^2+1}$

해답 ☞ 21쪽

## 교과서 필수 개념 4 유리함수 $y=\frac{k}{x}(k\neq0)$의 그래프

유리함수 $y=\frac{k}{x}(k\neq0)$의 그래프는

(1) 정의역과 치역이 모두 0이 아닌 실수 전체의 집합이다.

(2) $k>0$이면 제1사분면과 제3사분면에 있고,
$k<0$이면 제2사분면과 제4사분면에 있다.

(3) 점근선은 $x$축(직선 $y=0$)과 $y$축(직선 $x=0$)이다. ❶

(4) 원점과 두 직선 $y=x$와 $y=-x$에 대하여 대칭이다.

(5) $|k|$의 값이 커질수록 원점에서 멀어진다.

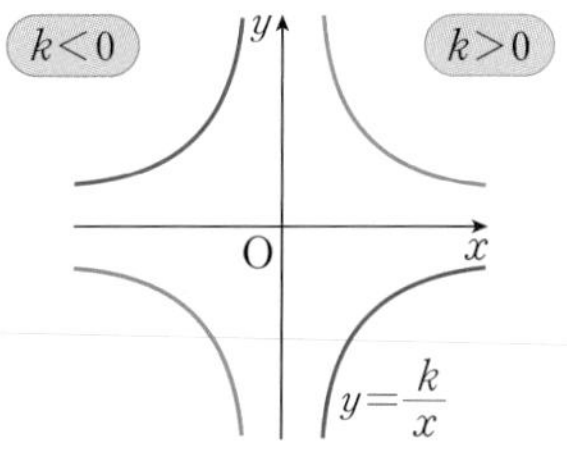


❶ 곡선 위의 점이 어떤 직선에 한없이 가까워질 때, 이 직선을 그 곡선의 점근선이라 한다.

Core 특강

**$k$의 값에 따른 함수 $y=\frac{k}{x}$의 그래프의 변화**

오른쪽 그림과 같이 $k$의 값을 변화시키면서 함수 $y=\frac{k}{x}(k\neq0)$의 그래프를 그려 보면

① 그래프는 원점에 대하여 대칭이고

② $|k|$의 값이 커질수록 그래프는 원점, $x$축, $y$축으로부터 멀어짐을 알 수 있다.

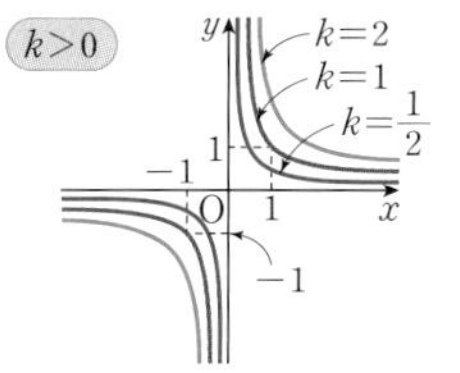


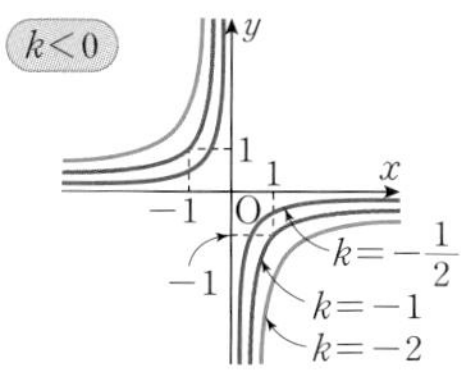


**대표 예제 4** 유리함수 $y=\frac{k}{x}(k\neq0)$의 그래프 (1)

다음 함수의 그래프를 그리고, 정의역, 치역, 점근선의 방정식을 구하시오.

(1) $y=\frac{2}{x}$　　(2) $y=-\frac{3}{x}$

**유제 4-1** 다음 보기의 함수 중 그 그래프가 제1사분면을 지나는 것만을 있는 대로 고르시오.

보기

ㄱ. $y=\frac{1}{x}$　ㄴ. $y=-\frac{6}{x}$　ㄷ. $y=-\frac{1}{2x}$　ㄹ. $y=\frac{8}{x}$

**대표 예제 5** 유리함수 $y=\frac{k}{x}(k\neq0)$의 그래프 (2)

함수 $y=\frac{3}{x}$에 대한 설명으로 옳은 것만을 보기에서 있는 대로 고르시오.

보기

ㄱ. 정의역은 실수 전체의 집합이다.

ㄴ. 그래프는 제1사분면과 제3사분면을 지난다.

ㄷ. 그래프는 $x$축, $y$축에 대하여 대칭이다.

ㄹ. 그래프의 점근선은 $x$축, $y$축이다.

**유제 5-1** 다음 중 함수 $y=-\frac{5}{x}$에 대한 설명으로 옳은 것을 모두 고르면? (정답 2개)

Tip $y=\frac{k}{x}(k\neq0)$의 그래프는 $|k|$의 값이 커질수록 원점에서 멀어진다.

① 정의역은 0이 아닌 실수 전체의 집합이다.

② 치역은 실수 전체의 집합이다.

③ 그래프는 함수 $y=-\frac{1}{x}$의 그래프보다 원점에 더 가깝다.

④ 그래프는 제2사분면과 제4사분면을 지난다.

⑤ 그래프의 점근선의 방정식은 $y=x$, $y=-x$이다.

해답 ☞ 22쪽

## 교과서 필수 개념 5 유리함수 $y=\frac{k}{x-p}+q\ (k\neq0)$의 그래프 중요

### 1. 유리함수 $y=\frac{k}{x-p}+q\ (k\neq0)$의 그래프

(1) 유리함수 $y=\frac{k}{x}\ (k\neq0)$의 그래프를 $x$축의 방향으로 $p$만큼, $y$축의 방향으로 $q$만큼 평행이동한 것이다. ❶

(2) 정의역은 $\{x|x\neq p$인 실수$\}$이고 치역은 $\{y|y\neq q$인 실수$\}$이다.

(3) 점근선은 직선 $x=p$와 직선 $y=q$이다.

(4) 점 $(p, q)$에 대하여 대칭이다.
└ 점근선의 교점

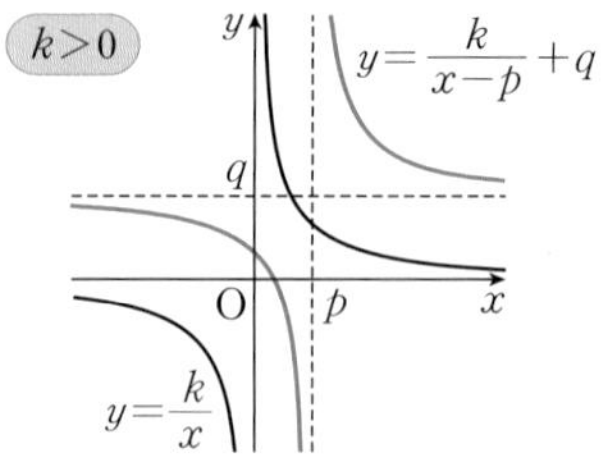


### 2. 유리함수 $y=\frac{ax+b}{cx+d}\ (ad-bc\neq0,\ c\neq0)$의 그래프 ❷, ❸

$y=\frac{k}{x-p}+q\ (k\neq0)$ 꼴로 변형하여 그린다.

예) $y=\frac{2x+4}{x+1}=\frac{2(x+1)+2}{x+1}=\frac{2}{x+1}+2$이므로 함수 $y=\frac{2x+4}{x+1}$의 그래프는 함수 $y=\frac{2}{x}$의 그래프를 $x$축의 방향으로 $-1$만큼, $y$축의 방향으로 2만큼 평행이동한 것이다.

❶ 함수 $y=\frac{k}{x}$의 그래프는 두 직선 $y=x$, $y=-x$에 대하여 대칭이고 함수 $y=\frac{k}{x-p}+q$의 그래프는 두 직선 $y=x-p+q$, $y=-x+p+q$에 대하여 대칭이다.

❷ 함수 $y=\frac{ax+b}{cx+d}$는
① $ad-bc=0$이면 상수함수이다.
② $c=0$이면 일차함수이다.

❸ 함수 $y=\frac{ax+b}{cx+d}\ (ad-bc\neq0,\ c\neq0)$의 그래프의 점근선의 방정식은
$x=-\frac{d}{c}$, $y=\frac{a}{c}$
($x=-\frac{d}{c}$: (분모)=0인 $x$의 값, $y=\frac{a}{c}$: $x$의 계수의 비)

---

**대표 예제 6**

유리함수 $y=\frac{k}{x-p}+q(k\neq0)$의 그래프

다음 함수의 그래프를 그리고, 점근선의 방정식, 정의역, 치역을 구하시오.

(1) $y=\frac{1}{x-2}+1$ (2) $y=\frac{2x+1}{x+1}$

**유제 6-1**

다음 함수의 그래프를 그리고, 점근선의 방정식, 정의역, 치역을 구하시오.

(1) $y=\frac{1}{2x+4}-3$ (2) $y=\frac{-x+1}{x-2}$

**유제 6-2**

함수 $y=\frac{3x-10}{x-5}$의 그래프는 함수 $y=\frac{5}{x}$의 그래프를 $x$축의 방향으로 $p$만큼, $y$축의 방향으로 $q$만큼 평행이동한 것이다. 이때 상수 $p$, $q$의 값을 구하시오.

**유제 6-3**

함수 $y=\frac{k}{x-p}+q$의 그래프가 오른쪽 그림과 같을 때, 상수 $k$, $p$, $q$의 값을 구하시오.

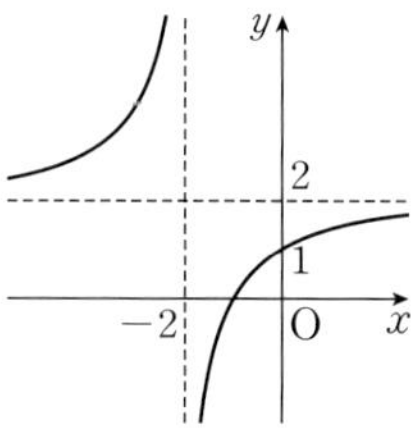


Tip (i) 점근선을 파악하여 $p$, $q$의 값을 구한다.
(ii) 그래프가 지나는 점의 좌표를 대입하여 $k$의 값을 구한다.

## 리뷰 1 O, ×로 푸는 개념 리뷰

**01** 다음 문장이 참이면 ○표, 거짓이면 ×표를 ( ) 안에 써넣으시오.

(1) $\frac{1}{2}x+5$는 다항식이 아닌 유리식이다. ( )

(2) 함수 $y=\frac{3}{x}$의 정의역은 $\{x \mid x\neq 0$인 실수$\}$이다. ( )

(3) 함수 $y=-\frac{1}{2x}$의 그래프는 제2사분면과 제4사분면을 지난다. ( )

(4) 함수 $y=\frac{1}{x+6}$의 그래프는 원점에 대하여 대칭이다. ( )

(5) 함수 $y=\frac{2}{x-1}$의 그래프는 함수 $y=\frac{2}{x}$의 그래프를 $x$축의 방향으로 $-1$만큼 평행이동한 것이다. ( )

(6) 함수 $y=-\frac{1}{x+7}-2$의 그래프는 점 $(-7, -2)$에 대하여 대칭이다. ( )

(7) 함수 $y=\frac{2}{x+5}+3$의 정의역은 $\{x \mid x\neq -5$인 실수$\}$이고 치역은 $\{y \mid y\neq 3$인 실수$\}$이다. ( )

(8) 함수 $y=\frac{1}{x}$의 그래프가 함수 $y=-\frac{3}{x}$의 그래프보다 원점에서 더 멀다. ( )

## 리뷰 2 유리식

**02** 다음을 계산하시오.

(1) $\frac{1}{x}+\frac{1}{x-1}$

(2) $\frac{2}{x-4}-\frac{12}{x^2-2x-8}$

(3) $\frac{1}{x^2-4x+4}\times\frac{x-2}{x-6}$

(4) $\frac{3-x}{x^2+3x-4}\div\frac{x^2-2x-3}{x^2-1}$

## 리뷰 3 특수한 형태의 분수식의 계산

**03** 다음을 계산하시오.

(1) $\frac{1}{x(x+1)}+\frac{1}{(x+1)(x+2)}+\frac{1}{(x+2)(x+3)}$

(2) $\frac{1}{(x-1)(x+1)}+\frac{1}{(x+1)(x+3)}$

**04** 다음을 간단히 하시오.

(1) $\dfrac{1}{1+\dfrac{1}{x}}$

(2) $\dfrac{1-\dfrac{1}{x}}{x+3}$

(3) $\dfrac{1}{2+\dfrac{1}{1+x}}$

(4) $\dfrac{x-\dfrac{1}{x}}{\dfrac{x-1}{x}}$

## 리뷰 4 유리함수의 뜻과 그래프

**05** 다음 함수의 그래프를 그리고, 정의역, 치역, 점근선의 방정식을 구하시오.

(1) $y=-\frac{2}{x}$

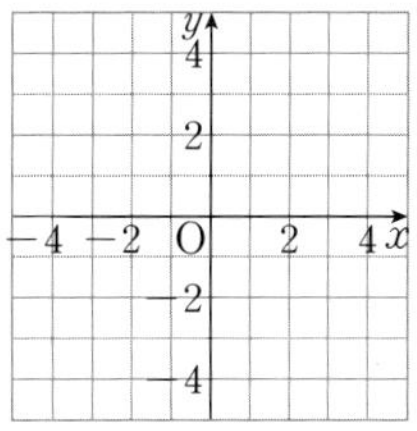


(2) $y=\frac{1}{x-1}$

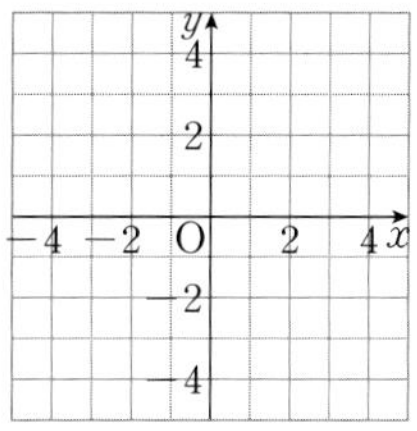


(3) $y=-\frac{4}{x+1}+1$

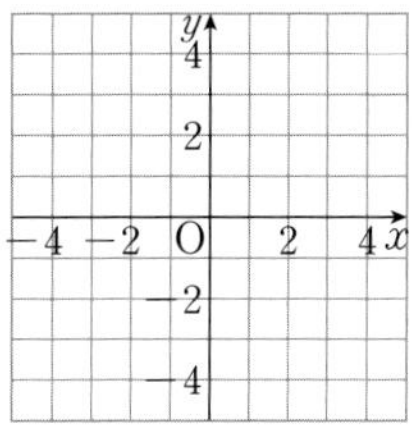


(4) $y=\frac{2x+1}{x-1}-3$

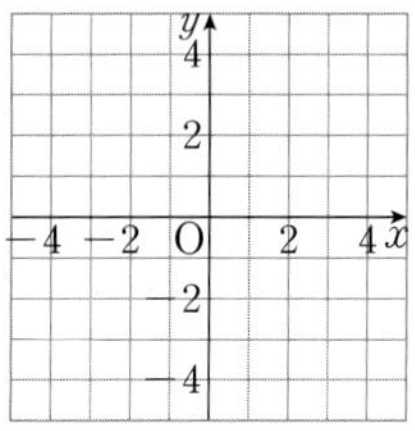

# 빈출 문제로 실전 연습

## 01 ●○○
/ 유리식의 계산 /

$-\dfrac{1}{x-1}+\dfrac{x+4}{x^2+x+1}$를 계산하면?

① $\dfrac{-2x-3}{x^3-1}$　② $\dfrac{2x-5}{x^3-1}$　③ $\dfrac{2x+3}{x^2+x+1}$
④ $\dfrac{-2x+5}{x^3+1}$　⑤ $\dfrac{2x+5}{x^3+1}$

## 02 ●●○
/ 유리식의 계산 /

$a+b+c=0$일 때,

$$\frac{1}{a}(b+c)+\frac{1}{b}(c+a)+\frac{1}{c}(a+b)$$

의 값을 구하시오. (단, $abc\neq0$)

## 03 ●●○
/ 특수한 형태의 분수식의 계산 /

분모를 0으로 하지 않는 모든 실수 $x$에 대하여 등식

$$-\frac{1}{x^2+x}+\frac{3}{x^2+3x}=\frac{a}{x^2+bx+c}$$

가 성립할 때, $a+b+c$의 값은? (단, $a$, $b$, $c$는 상수이다.)

① 8　② 9　③ 10
④ 11　⑤ 12

## 04 ●●○
/ 유리함수의 그래프의 평행이동 /

함수 $y=\dfrac{5x+a}{x-1}$의 그래프를 $x$축의 방향으로 $b$만큼, $y$축의 방향으로 $c$만큼 평행이동하면 함수 $y=\dfrac{3}{x}$의 그래프와 일치할 때, 상수 $a$, $b$, $c$에 대하여 $a+b+c$의 값을 구하시오.

## 05 ●●○
/ 유리함수의 정의역과 치역 /

정의역이 $\{x|2\le x\le a\}$인 함수 $y=\dfrac{x+5}{x-1}$의 치역이 $\{y|3\le y\le b\}$일 때, 상수 $a$, $b$에 대하여 $ab$의 값은?

① 20　② 24　③ 28
④ 32　⑤ 36

내신 빈출

## 06 ●●○
/ 유리함수와 그래프의 성질 /

다음 중 함수 $y=\dfrac{3x+5}{x+2}$의 그래프에 대한 설명으로 옳지 않은 것은?

① 정의역은 $\{x|x\neq-2$인 실수$\}$이다.
② $y$축과 만나는 점의 $y$좌표는 $\dfrac{5}{2}$이다.
③ 점근선의 방정식은 $x=-2$, $y=3$이다.
④ 모든 사분면을 지난다.
⑤ 점 $(-2, 3)$에 대하여 대칭이다.

## 07 ●●○
/ 유리함수의 그래프의 대칭 /

함수 $y=\dfrac{-x+7}{x-4}$의 그래프가 직선 $y=x+k$에 대하여 대칭일 때, 상수 $k$의 값은?

① $-5$　② $-3$　③ 0
④ 3　⑤ 5

내신 빈출

## 08 ●●○

/ 유리함수의 식 구하기 /

함수 $y=\dfrac{ax+b}{x+c}$의 그래프가 오른쪽 그림과 같을 때, 상수 $a$, $b$, $c$에 대하여 $a+b+c$의 값은?

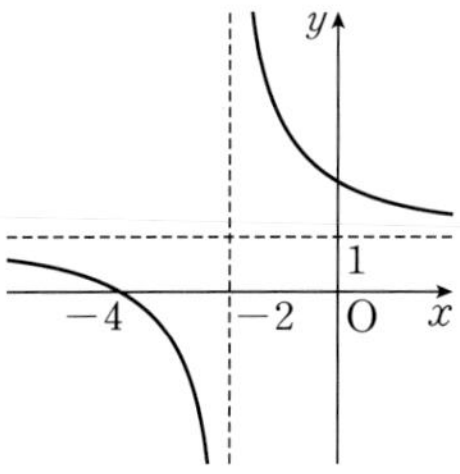


① 3 ② 4
③ 5 ④ 6
⑤ 7

## 09 ●●○

/ 유리함수의 역함수 /

함수 $f(x)=\dfrac{3x+2}{2x-1}$에 대하여 $(f\circ g)(x)=x$를 만족시키는 함수 $g(x)$는?

① $g(x)=\dfrac{x-2}{2x-3}$ ② $g(x)=\dfrac{x+2}{2x-3}$
③ $g(x)=\dfrac{-2x+1}{3x-2}$ ④ $g(x)=\dfrac{2x+1}{3x-2}$
⑤ $g(x)=\dfrac{x+2}{2x+3}$

## 10 ●●◐

/ 유리함수의 합성함수 /

함수 $f(x)=\dfrac{x-1}{x+4}$에 대하여 $(f\circ f)(a)=\dfrac{1}{6}$일 때, 실수 $a$의 값은?

① $-9$ ② $-6$ ③ $-3$
④ 6 ⑤ 9

# 교과서 속 사고력 UP

## 11 ●●●

/ 유리함수의 그래프 /

함수 $y=\dfrac{x+2k-7}{x-4}$의 그래프가 제3사분면을 지나지 않도록 하는 모든 자연수 $k$의 값의 합을 구하시오.

## 12 ●●●

/ 유리함수의 그래프 /

오른쪽 그림과 같이 함수 $y=\dfrac{1}{x}$의 그래프 위의 점 A에서 $x$축, $y$축에 각각 평행한 직선을 그어 함수 $y=\dfrac{k}{x}$ $(k>1)$의 그래프와 만나는 점을 각각 B, C라 하자. 삼각형 ABC의 넓이가 18일 때, 상수 $k$의 값을 구하시오.

(단, 점 A는 제1사분면 위에 있다.)

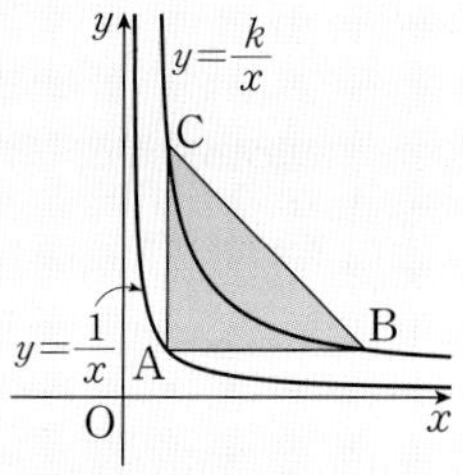


## 13 ●●●

/ 유리함수의 역함수의 그래프의 성질 /

함수 $y=\dfrac{ax+b}{x+c}$ $(b\neq ac)$에 대하여 그 역함수가 다음 조건을 만족시킬 때, $a+b+c$의 값은? (단, $a$, $b$, $c$는 상수이다.)

> (가) 역함수의 치역은 $\{y\,|\,y\neq 1$인 실수$\}$이다.
> (나) 역함수의 그래프의 점근선 중 하나는 직선 $x=3$이다.
> (다) 역함수의 그래프와 $x$축의 교점의 좌표는 $(2,\ 0)$이다.

① $-2$ ② $-1$ ③ 0
④ 1 ⑤ 2

07 강 Ⅱ. 함수

# 무리함수

개념 1 무리식과 제곱근의 성질
개념 2 분모의 유리화
개념 3 무리함수의 뜻
개념 4 무리함수 $y=\pm\sqrt{ax}\,(a\neq0)$의 그래프
개념 5 무리함수 $y=\sqrt{a(x-p)}+q\,(a\neq0)$의 그래프

## 교과서 대표문제로 필수개념완성

### 교과서 필수 개념 1 무리식과 제곱근의 성질

**1. 무리식:** 근호 안에 문자가 포함된 식 중에서 유리식으로 나타낼 수 없는 식 ❶

예 ① $\sqrt{4x}-1$, $\dfrac{1}{\sqrt{5x+2}}$ → 무리식이다. ② $\sqrt{x^2}=|x|$ → 무리식이 아니다.

**2. 무리식의 값이 실수일 조건:** 무리식의 값이 실수가 되려면

(근호 안의 식의 값)$\geq0$, (분모의 값)$\neq0$

이어야 한다. ❷

예 ① 무리식 $\sqrt{x-1}$의 값이 실수가 되려면 $x-1\geq0$, 즉 $x\geq1$

② 무리식 $\dfrac{1}{\sqrt{x-1}}$의 값이 실수가 되려면 $x-1>0$, 즉 $x>1$

**3. 제곱근의 성질:** $a>0$, $b>0$일 때

(1) $\sqrt{a^2b}=a\sqrt{b}$ ❸ (2) $\sqrt{\dfrac{a}{b^2}}=\dfrac{\sqrt{a}}{b}$ (3) $\sqrt{a}\sqrt{b}=\sqrt{ab}$ (4) $\dfrac{\sqrt{a}}{\sqrt{b}}=\sqrt{\dfrac{a}{b}}$

❶ 식 ┌ 유리식 ┌ 다항식 / └ 분수식 ; └ 무리식

❷ $\sqrt{A}$가 실수 $\Longleftrightarrow A\geq0$

$\dfrac{1}{\sqrt{A}}$이 실수 $\Longleftrightarrow A>0$

❸ $\sqrt{a^2}=|a|=\begin{cases} a & (a\geq0) \\ -a & (a<0)\end{cases}$

$(\sqrt{a})^2=a\ (a\geq0)$

Core 특강 **음수의 제곱근의 성질**

(1) $a<0$, $b<0$이면 $\sqrt{a}\sqrt{b}=-\sqrt{ab}$, $\sqrt{a}\sqrt{b}=-\sqrt{ab}$이면 $a<0$, $b<0$ 또는 $a=0$ 또는 $b=0$

(2) $a>0$, $b<0$이면 $\dfrac{\sqrt{a}}{\sqrt{b}}=-\sqrt{\dfrac{a}{b}}$, $\dfrac{\sqrt{a}}{\sqrt{b}}=-\sqrt{\dfrac{a}{b}}$이면 $a>0$, $b<0$ 또는 $a=0$, $b\neq0$

**대표 예제 1** 무리식의 값이 실수일 조건

Tip (근호 안의 식의 값)$\geq0$, (분모의 값)$\neq0$이다.

다음 무리식의 값이 실수가 되도록 하는 $x$의 값의 범위를 구하시오.

(1) $\sqrt{2x+4}$

(2) $\sqrt{x-1}+\dfrac{x}{\sqrt{x+5}}$

**유제 1-1** 무리식 $\sqrt{2x+6}+\dfrac{1}{\sqrt{4-x}}$의 값이 실수가 되도록 하는 $x$의 값의 범위를 구하시오.

**대표 예제 2** 제곱근의 성질

$-1\leq x<2$일 때, $\sqrt{x^2-4x+4}+\sqrt{x^2+2x+1}$을 간단히 하시오.

**유제 2-1** $-\dfrac{1}{2}\leq a<1$일 때, $\sqrt{a^2-2a+1}+\sqrt{4a^2+4a+1}$을 간단히 하시오.

**유제 2-2** 0이 아닌 두 실수 $a$, $b$에 대하여 $\dfrac{\sqrt{a}}{\sqrt{b}}=-\sqrt{\dfrac{a}{b}}$일 때, $\sqrt{(a-b)^2}+\sqrt{(b-a)^2}=ma+nb$이다. 상수 $m$, $n$에 대하여 $mn$의 값을 구하시오.

해답 ☞ 26쪽

## 교과서 필수 개념 2 분모의 유리화

**1. 분모의 유리화:** 분모에 근호가 포함된 식의 분자, 분모에 적당한 수 또는 식을 곱하여 분모에 근호가 포함되지 않도록 변형하는 것

**2.** $a>0$, $b>0$일 때

(1) $\dfrac{a}{\sqrt{b}}=\dfrac{a\sqrt{b}}{\sqrt{b}\sqrt{b}}=\dfrac{a\sqrt{b}}{b}$ ❶

(2) $\dfrac{c}{\sqrt{a}+\sqrt{b}}=\dfrac{c(\sqrt{a}-\sqrt{b})}{(\sqrt{a}+\sqrt{b})(\sqrt{a}-\sqrt{b})}=\dfrac{c(\sqrt{a}-\sqrt{b})}{a-b}$ (단, $a\neq b$) ❷

예 $\dfrac{1}{\sqrt{3}+\sqrt{2}}=\dfrac{\sqrt{3}-\sqrt{2}}{(\sqrt{3}+\sqrt{2})(\sqrt{3}-\sqrt{2})}=\dfrac{\sqrt{3}-\sqrt{2}}{3-2}=\sqrt{3}-\sqrt{2}$

❶ 분모가 무리식인 경우에는 분모를 유리화하여 계산한다.

❷ 분모가 $\sqrt{a}+\sqrt{b}$ 꼴의 근호가 포함된 식이면
$(A+B)(A-B)=A^2-B^2$
임을 이용하여 분모를 유리화하여 계산한다.

**대표 예제 3** 분모의 유리화

분모를 유리화하여 다음 식을 간단히 하시오.

(1) $\dfrac{1}{\sqrt{x+1}+\sqrt{x-1}}$

(2) $\dfrac{\sqrt{x}-1}{\sqrt{x}+1}+\dfrac{\sqrt{x}+1}{\sqrt{x}-1}$

**유제 3-1** 분모를 유리화하여 $\dfrac{x}{3+\sqrt{x+1}}+\dfrac{x}{3-\sqrt{x+1}}$를 간단히 하시오.

**대표 예제 4** 무리식의 값

$x=\sqrt{11}$일 때, $\dfrac{\sqrt{6+x}-\sqrt{6-x}}{\sqrt{6+x}+\sqrt{6-x}}$의 값을 구하시오.

**유제 4-1** $x=\dfrac{2\sqrt{2}}{3}$일 때, $\dfrac{\sqrt{1-x}}{\sqrt{1+x}}+\dfrac{\sqrt{1+x}}{\sqrt{1-x}}$의 값을 구하시오.

**유제 4-2** $x>y>0$인 실수 $x$, $y$에 대하여 $x+y=2\sqrt{5}$, $xy=2$일 때, $\dfrac{\sqrt{x}+\sqrt{y}}{\sqrt{x}-\sqrt{y}}$의 값을 구하시오.

## 교과서 필수 개념 3 무리함수의 뜻

**1. 무리함수:** 함수 $y=f(x)$에서 $f(x)$가 $x$에 대한 무리식인 함수 예 $y=\sqrt{x}$, $y=\sqrt{x^2+1}$

**2. 무리함수의 정의역:** 무리함수에서 정의역이 주어지지 않은 경우에는 근호 안의 식의 값이 0 이상이 되도록 하는 실수 전체의 집합을 정의역으로 한다. ❶

예 무리함수 $y=\sqrt{x+1}$의 정의역은 $x+1\geq 0$, 즉 $x\geq -1$인 실수 전체의 집합이므로 $\{x|x\geq -1\}$이다.

❶ 함수의 정의역과 공역이 주어져 있지 않을 때, 정의역은 함숫값이 정의되는 $x$의 값 전체의 집합이고 공역은 실수 전체의 집합이다.

**대표 예제 5** 무리함수의 정의역

다음 무리함수의 정의역을 구하시오.

(1) $y=\sqrt{x+2}$

(2) $y=\sqrt{6-2x}+2$

**유제 5-1** 다음 무리함수의 정의역을 구하시오.

(1) $y=\sqrt{5x-10}$

(2) $y=-\sqrt{8-2x}-1$

## 교과서 필수 개념 4 무리함수 $y=\pm\sqrt{ax}\ (a\neq0)$의 그래프

### 1. 무리함수 $y=\sqrt{ax}\ (a\neq0)$의 그래프 ❶

(1) $a>0$일 때,
정의역은 $\{x|x\geq0\}$이고 치역은 $\{y|y\geq0\}$이다.

(2) $a<0$일 때,
정의역은 $\{x|x\leq0\}$이고 치역은 $\{y|y\geq0\}$이다.

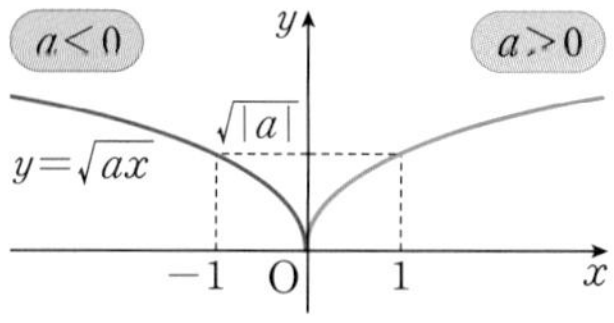


### 2. 무리함수 $y=-\sqrt{ax}\ (a\neq0)$의 그래프 ❷

(1) $a>0$일 때,
정의역은 $\{x|x\geq0\}$이고 치역은 $\{y|y\leq0\}$이다.

(2) $a<0$일 때,
정의역은 $\{x|x\leq0\}$이고 치역은 $\{y|y\leq0\}$이다.

(3) 함수 $y=\sqrt{ax}$의 그래프와 $x$축에 대하여 대칭이다.

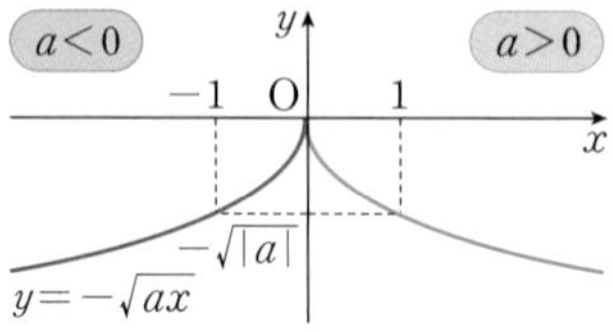


❶ 함수 $y=\sqrt{ax}\ (a\neq0)$의 역함수는 $y=\frac{x^2}{a}\ (x\geq0)$이므로 두 함수의 그래프는 직선 $y=x$에 대하여 대칭이다.

❷ 무리함수 $y=-\sqrt{x}$, $y=\sqrt{-x}$, $y=-\sqrt{-x}$의 그래프는 함수 $y=\sqrt{x}$의 그래프를 각각 $x$축, $y$축, 원점에 대하여 대칭이동한 것이다.

Core 특강

**$a$의 값에 따른 함수 $y=\pm\sqrt{ax}$의 그래프의 변화**

오른쪽 그림과 같이 $a$의 값을 변화시키면서 함수 $y=\pm\sqrt{ax}\ (a\neq0)$의 그래프를 그려 보면 $|a|$의 값이 커질수록 그래프는 $x$축에서 멀어짐을 알 수 있다.

[$y=\sqrt{ax}$의 그래프]

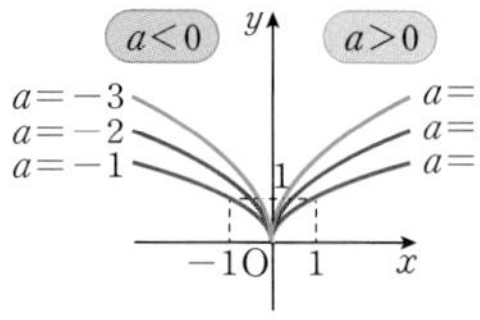


[$y=-\sqrt{ax}$의 그래프]

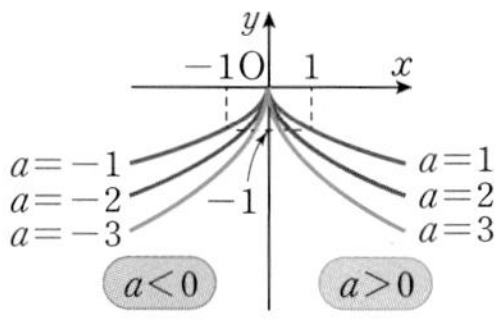


**대표 예제 6**

무리함수 $y=\pm\sqrt{ax}\ (a\neq0)$의 그래프 (1)

다음 함수의 그래프를 그리고, 정의역과 치역을 구하시오.

(1) $y=\sqrt{-2x}$ (2) $y=-\sqrt{2x}$

**유제 6-1**

다음 함수 중 그 그래프가 $x$축에 대하여 대칭인 것끼리 짝 지으시오.

(1) $y=\sqrt{5x}$ (2) $y=\sqrt{-5x}$ (3) $y=-\sqrt{5x}$ (4) $y=-\sqrt{-5x}$

**대표 예제 7**

무리함수 $y=\pm\sqrt{ax}\ (a\neq0)$의 그래프 (2)

함수 $y=\sqrt{3x}$에 대한 설명으로 옳은 것만을 보기에서 있는 대로 고르시오.

보기
ㄱ. 정의역은 $\{x|x\geq0\}$이다.
ㄴ. 치역은 $\{y|y\leq0\}$이다.
ㄷ. 그래프는 원점과 제3사분면을 지난다.
ㄹ. 그래프는 함수 $y=\sqrt{-3x}$의 그래프와 $y$축에 대하여 대칭이다.

**유제 7-1**

다음 중 함수 $y=-\sqrt{7x}$에 대한 설명으로 옳은 것을 모두 고르면? (정답 2개)

① 정의역은 $\{x|x\leq0\}$이다.
② 치역은 $\{y|y\geq0\}$이다.
③ 그래프는 함수 $y=-\sqrt{10x}$의 그래프보다 $x$축에 더 가깝다.
④ 그래프는 함수 $y=\sqrt{7x}$의 그래프와 원점에 대하여 대칭이다.
⑤ 그래프는 원점과 제4사분면을 지난다.

## 교과서 필수 개념 5 무리함수 $y=\sqrt{a(x-p)}+q\ (a\neq0)$의 그래프 중요

### 1. 무리함수 $y=\sqrt{a(x-p)}+q\ (a\neq0)$의 그래프

(1) 함수 $y=\sqrt{ax}$의 그래프를 $x$축의 방향으로 $p$만큼, $y$축의 방향으로 $q$만큼 평행이동한 것이다.

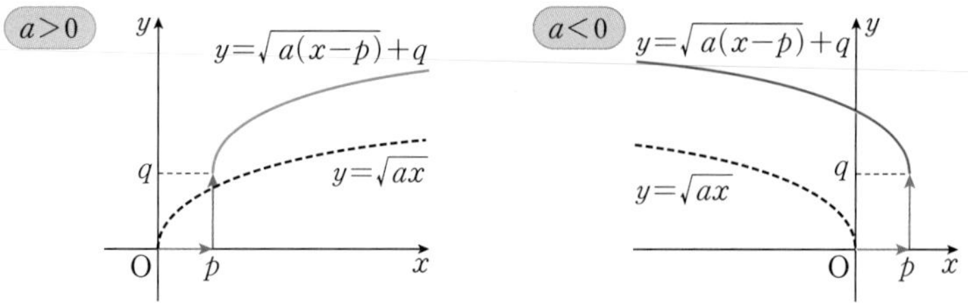


(2) $a>0$일 때, 정의역은 $\{x|x\geq p\}$이고 치역은 $\{y|y\geq q\}$이다.
(3) $a<0$일 때, 정의역은 $\{x|x\leq p\}$이고 치역은 $\{y|y\geq q\}$이다. ❶

### 2. 무리함수 $y=\sqrt{ax+b}+c\ (a\neq0)$의 그래프

$y=\sqrt{a(x-p)}+q$ 꼴로 변형하여 그린다. ❷

예) $y=-\sqrt{2x+4}+3=-\sqrt{2(x+2)}+3$이므로 함수 $y=-\sqrt{2x+4}+3$의 그래프는 함수 $y=-\sqrt{2x}$의 그래프를 $x$축의 방향으로 $-2$만큼, $y$축의 방향으로 3만큼 평행이동한 것이다.

❶ 함수 $y=-\sqrt{a(x-p)}+q\ (a\neq0)$에서
① $a>0$일 때,
정의역은 $\{x|x\geq p\}$이고
치역은 $\{y|y\leq q\}$이다.
② $a<0$일 때,
정의역은 $\{x|x\leq p\}$이고
치역은 $\{y|y\leq q\}$이다.

❷ 먼저 점 $(p, q)$를 좌표평면 위에 나타낸 후, $a$의 부호를 확인하여 그래프를 그린다.

---

**대표 예제 8**

무리함수 $y=\sqrt{a(x-p)}+q\ (a\neq0)$의 그래프

다음 함수의 그래프를 그리고, 정의역과 치역을 구하시오.

(1) $y=\sqrt{2x+4}+1$ (2) $y=-\sqrt{3-x}-2$

**유제 8-1**

다음 함수의 그래프를 그리고, 정의역과 치역을 구하시오.

(1) $y=-\sqrt{x-2}+3$ (2) $y=\sqrt{-3x+9}-1$

**유제 8-2**

함수 $y=\sqrt{-5(x-4)}+1$의 그래프는 함수 $y=\sqrt{-5x}$의 그래프를 $x$축의 방향으로 $p$만큼, $y$축의 방향으로 $q$만큼 평행이동한 것이다. 이때 상수 $p$, $q$의 값을 구하시오.

**유제 8-3**

Tip 그래프의 평행이동과 지나는 점의 좌표를 이용하여 상수를 구한다.

함수 $y=\sqrt{a(x+b)}+c$의 그래프가 오른쪽 그림과 같을 때, 상수 $a$, $b$, $c$의 값을 구하시오.

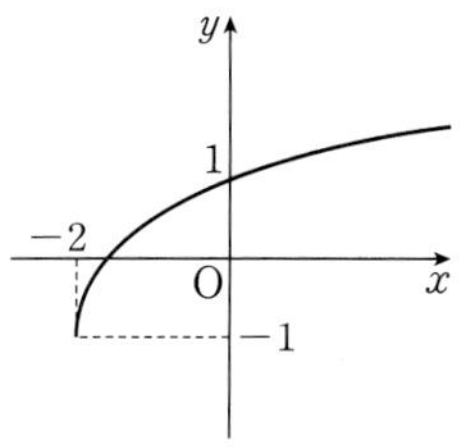

# 핵심 개념 & 공식 리뷰

해답 ☞ 29쪽

**리뷰 1** O, ×로 푸는 개념 리뷰

**01** 다음 문장이 참이면 ○표, 거짓이면 ×표를 (  ) 안에 써넣으시오.

(1) $\sqrt{2x+3}$은 무리식이다. (  )

(2) $y=\sqrt{9}x-1$은 무리함수이다. (  )

(3) $a<3$일 때, $\sqrt{a^2-6a+9}=-(a-3)$이다. (  )

(4) $a<0$일 때, 함수 $y=\sqrt{ax}$의 그래프는 원점과 제3사분면을 지난다. (  )

(5) 함수 $y=\sqrt{2x+6}+4$의 그래프는 함수 $y=\sqrt{2x}$의 그래프를 $x$축의 방향으로 $-3$만큼, $y$축의 방향으로 4만큼 평행이동한 것이다. (  )

(6) 함수 $y=\sqrt{x}$의 그래프와 함수 $y=-\sqrt{-x}$의 그래프는 원점에 대하여 대칭이다. (  )

(7) 함수 $y=\sqrt{2x}$의 그래프는 함수 $y=-\sqrt{5x}$의 그래프보다 $x$축에서 더 멀다. (  )

**리뷰 2** 무리식의 값이 실수일 조건

**02** 다음 무리식의 값이 실수가 되도록 하는 $x$의 값의 범위를 구하시오.

(1) $\sqrt{-x+7}$

(2) $\dfrac{1}{\sqrt{3x-6}}$

(3) $\dfrac{\sqrt{x-3}}{\sqrt{4-x}}$

(4) $\dfrac{\sqrt{x-3}}{\sqrt{5-x}}$

**리뷰 3** 분모의 유리화

**03** 분모를 유리화하여 다음 식을 간단히 하시오.

(1) $\dfrac{1}{\sqrt{x+1}-\sqrt{x}}$

(2) $\dfrac{\sqrt{a}}{\sqrt{a}+\sqrt{b}}+\dfrac{\sqrt{b}}{\sqrt{a}-\sqrt{b}}$

**리뷰 4** 무리함수의 그래프

**04** 다음 함수의 그래프를 그리고, 정의역과 치역을 구하시오.

(1) $y=\sqrt{3x-6}+1$

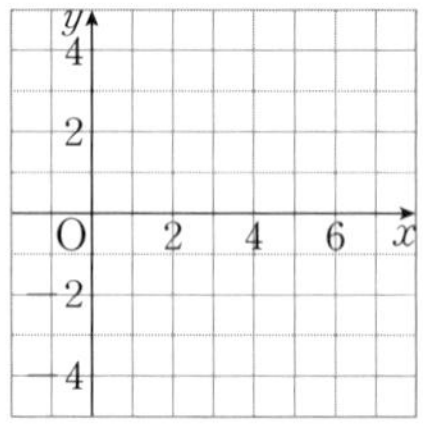


(2) $y=\sqrt{1-2x}-4$

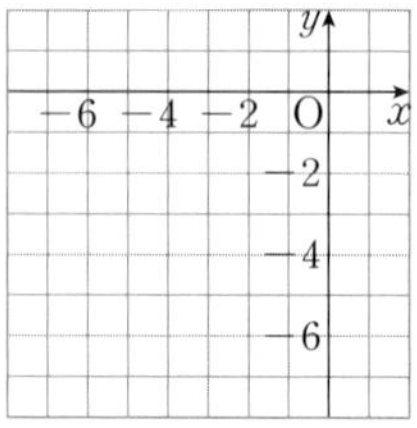


(3) $y=-\sqrt{2x+4}+2$

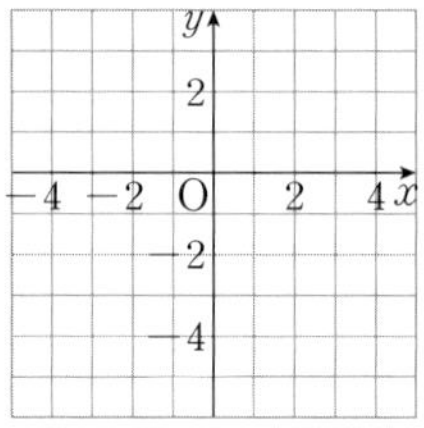


(4) $y=-\sqrt{-4x+1}+3$

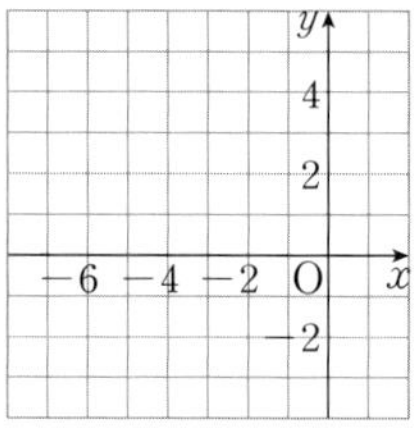


**리뷰 5** 무리함수의 식 구하기

**05** 무리함수의 그래프가 다음 그림과 같을 때, 상수 $a$, $b$, $c$의 부호를 구하시오.

(1) $y=\sqrt{a(x+b)}+c$

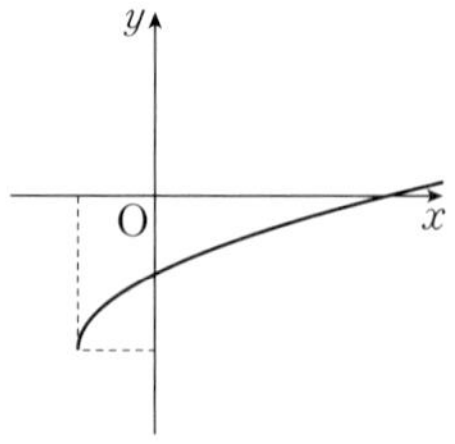


(2) $y=-\sqrt{a(x+b)}+c$

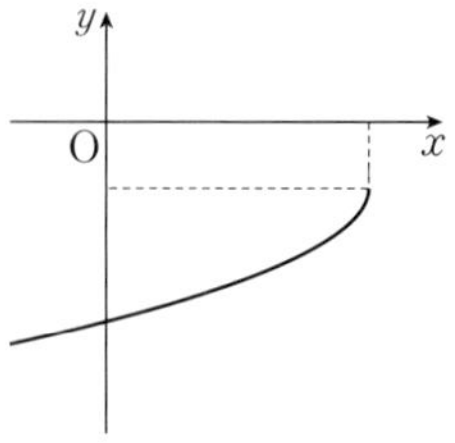

# 빈출 문제로 실전 연습

해답 ☞ 29쪽

내신 빈출

## 01 ●○○

/ 무리식의 값이 실수일 조건 /

$\sqrt{-2x^2-3x+9}$의 값이 실수가 되도록 하는 정수 $x$의 개수는?

① 2 ② 3 ③ 4
④ 5 ⑤ 6

## 02 ●○○

/ 무리식의 값 /

$x=2+\sqrt{3}$, $y=2-\sqrt{3}$일 때, $\dfrac{\sqrt{y}}{\sqrt{x}}+\dfrac{\sqrt{x}}{\sqrt{y}}$의 값을 구하시오.

## 03 ●●○

/ 무리함수의 그래프의 평행이동, 대칭이동 /

함수 $y=\sqrt{x+2}$의 그래프를 $x$축에 대하여 대칭이동한 후 $x$축의 방향으로 1만큼, $y$축의 방향으로 5만큼 평행이동한 그래프가 점 $(3,\ k)$를 지날 때, 실수 $k$의 값을 구하시오.

## 04 ●●○

/ 무리함수의 정의역과 치역 /

정의역이 $\{x\,|\,1\le x\le 4\}$인 함수 $y=\sqrt{-x+5}+1$의 최댓값을 $M$, 최솟값을 $m$이라 할 때, $M+m$의 값은?

① 5 ② 6 ③ 7
④ 8 ⑤ 9

## 05 ●◐○

/ 무리함수의 그래프 /

함수 $y=\sqrt{2x+a}+1$의 그래프가 점 $(0,\ 2)$를 지나고 치역이 $\{y\,|\,y\ge b\}$일 때, 상수 $a$, $b$에 대하여 $a+b$의 값은?

① $-1$ ② 0 ③ 1
④ 2 ⑤ 3

내신 빈출

## 06 ●●○

/ 무리함수의 그래프의 성질 /

함수 $y=\sqrt{3-3x}-2$에 대한 설명으로 옳은 것만을 보기에서 있는 대로 고른 것은?

보기
ㄱ. 그래프는 함수 $y=\sqrt{-3x}$의 그래프를 평행이동한 그래프와 일치한다.
ㄴ. 정의역은 $\{x\,|\,x\ge 1\}$, 치역은 $\{y\,|\,y\ge -2\}$이다.
ㄷ. 그래프는 제3사분면을 지나지 않는다.

① ㄱ ② ㄴ ③ ㄱ, ㄴ
④ ㄴ, ㄷ ⑤ ㄱ, ㄴ, ㄷ

내신 빈출

## 07 ●●○

/ 무리함수의 식 구하기 /

함수 $y=-\sqrt{ax+b}+c$의 그래프가 오른쪽 그림과 같을 때, 상수 $a$, $b$, $c$에 대하여 $a+b+c$의 값은?

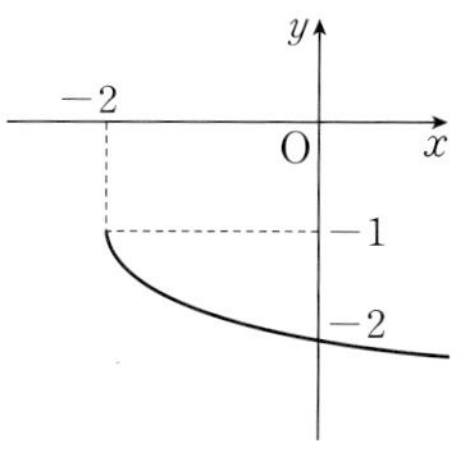


① 0 ② $\dfrac{1}{2}$
③ 1 ④ $\dfrac{3}{2}$
⑤ 2

## 08 ●◐○

/ 무리함수의 역함수 /

함수 $f(x)=\sqrt{-x+1}+2$의 역함수를 $f^{-1}(x)$라 할 때, $f^{-1}(4)$의 값은?

① $-5$　② $-4$　③ $-3$　④ $-2$　⑤ $-1$

내신 빈출

## 09 ●●◐

/ 무리함수의 합성함수와 역함수 /

1보다 큰 실수 전체의 집합에서 정의된 두 함수

$$f(x)=\frac{x+3}{x-1},\ g(x)=\sqrt{6x-5}$$

에 대하여 $(f\circ(g\circ f)^{-1}\circ f)(5)$의 값은?

① $\frac{5}{4}$　② $\frac{3}{2}$　③ $\frac{7}{4}$　④ $2$　⑤ $\frac{9}{4}$

## 10 ●●◐

/ 무리함수의 그래프와 직선의 위치 관계 /

함수 $y=\sqrt{2x-4}$의 그래프와 직선 $y=x+k$가 서로 다른 두 점에서 만나도록 하는 실수 $k$의 값의 범위가 $a\le k<b$일 때, 상수 $a$, $b$에 대하여 $ab$의 값을 구하시오.

# 교과서 속 사고력 UP

## 11 ●●●

/ 분모의 유리화 /

$f(x)=\sqrt{x}+\sqrt{x-1}$일 때,

$$\frac{1}{f(2)}+\frac{1}{f(3)}+\frac{1}{f(4)}+\cdots+\frac{1}{f(k)}=10$$

을 만족시키는 자연수 $k$의 값을 구하시오.

## 12 ●●●

/ 무리함수의 역함수의 그래프 /

함수 $f(x)=\sqrt{x-2}+2$의 그래프와 그 역함수의 그래프가 두 점 P, Q에서 만날 때, 선분 PQ의 길이를 구하시오.

## 13 ●●●

/ 무리함수의 그래프와 직선의 위치 관계 /

오른쪽 그림과 같이 함수 $y=\sqrt{x}$의 그래프 위의 점 P가 원점 O와 점 A(4, 2) 사이를 움직일 때, 삼각형 OAP의 넓이의 최댓값을 구하시오.

(단, O는 원점이다.)

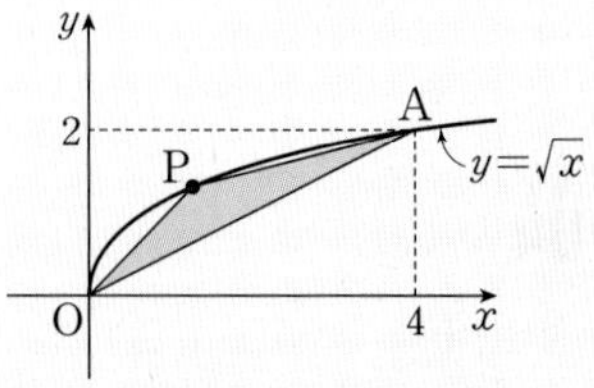

08강

III. 경우의 수

# 순열과 조합

개념 1 합의 법칙 | 개념 2 곱의 법칙 | 개념 3 순열 | 개념 4 조합

## 교과서 대표문제로 필수개념완성

해답 ☞ 31쪽

### 교과서 필수 개념 1 합의 법칙

**1. 경우의 수**

(1) 사건: 같은 조건에서 반복할 수 있는 실험이나 관찰에 의하여 나타나는 결과

(2) 경우의 수: 사건이 일어나는 모든 경우의 가짓수

예 한 개의 주사위를 던질 때, 나오는 눈의 수가 홀수인 경우는 눈의 수가 1, 3, 5인 경우이므로 3가지이다.

**2. 합의 법칙**

두 사건 $A$, $B$가 동시에 일어나지 않을 때, 사건 $A$가 일어나는 경우의 수가 $m$, 사건 $B$가 일어나는 경우의 수가 $n$이면

(사건 $A$ 또는 사건 $B$가 일어나는 경우의 수)$=m+n$ ❶

예 한식 2종류와 양식 3종류 중에서 1가지를 택하는 경우의 수는 $2+3=5$

참고 두 사건 $A$, $B$가 일어나는 경우의 수가 각각 $m$, $n$이고, 두 사건 $A$, $B$가 동시에 일어나는 경우의 수가 $l$이면 사건 $A$ 또는 사건 $B$가 일어나는 경우의 수는 $m+n-l$이다.

❶ 합의 법칙은 어느 두 사건도 동시에 일어나지 않는 셋 이상의 사건에 대해서도 성립한다.

**대표 예제 1** 합의 법칙 (1)

서로 다른 종류의 탄산음료 3개와 서로 다른 종류의 우유 5개 중에서 탄산음료 또는 우유 1개를 택하는 경우의 수를 구하시오.

**유제 1-1** 남학생 3명과 여학생 7명 중에서 대표 1명을 뽑는 경우의 수를 구하시오.

**유제 1-2** 서로 다른 두 개의 주사위를 던질 때, 나오는 눈의 수의 합이 4의 배수인 경우의 수를 구하시오.

Tip 나오는 눈의 수의 합이 4, 8, 12인 경우의 수를 구한다.

**대표 예제 2** 합의 법칙 (2)

자연수 $x$, $y$, $z$에 대하여 $x+2y+3z=15$를 만족시키는 순서쌍 $(x, y, z)$의 개수를 구하시오.

Tip $z$의 값을 기준으로 경우를 나누어 생각한다.

**유제 2-1** 자연수 $x$, $y$에 대하여 $x+y\leq 4$를 만족시키는 순서쌍 $(x, y)$의 개수를 구하시오.

## 교과서 필수 개념 2 곱의 법칙

두 사건 $A$, $B$에 대하여 사건 $A$가 일어나는 경우의 수가 $m$이고, 그 각각에 대하여 사건 $B$가 일어나는 경우의 수가 $n$이면

(두 사건 $A$, $B$가 동시에 일어나는 경우의 수)$=m\times n$ ❶, ❷

예 컵케이크 3종류와 아이스크림 2종류 중에서 컵케이크와 아이스크림을 각각 1가지씩 택하는 경우의 수는
$3\times2=6$

❶ 곱의 법칙은 동시에 일어나는 셋 이상의 사건에 대해서도 성립한다.

❷ 곱의 법칙은 두 사건이 연달아 일어나는 경우에도 성립한다.

Core 특강

**자연수의 양의 약수의 개수**

자연수 $N$이

$N=p^mq^n$ ($p$, $q$는 서로 다른 소수, $m$, $n$은 자연수)

꼴로 소인수분해될 때, $N$의 양의 약수는 $p^m$의 양의 약수와 $q^n$의 양의 약수에서 각각 1개씩 택하여 곱한 것이다. 이때

$p^m$의 양의 약수는 $1, p, p^2, \cdots, p^m$의 $(m+1)$개, $q^n$의 양의 약수는 $1, q, q^2, \cdots, q^n$의 $(n+1)$개

이므로 $N$의 양의 약수의 개수는 $(m+1)(n+1)$이다.

**대표 예제 3**
곱의 법칙 (1)

십의 자리의 숫자와 일의 자리의 숫자가 모두 홀수인 두 자리 자연수의 개수를 구하시오.

**유제 3-1** 오른쪽 그림과 같이 학교에서 도서관까지 가는 경로가 4가지, 도서관에서 집까지 가는 경로가 3가지이다. 학교에서 도서관을 거쳐 집으로 가는 방법의 수를 구하시오. (단, 같은 지점을 두 번 이상 지나지 않는다.)

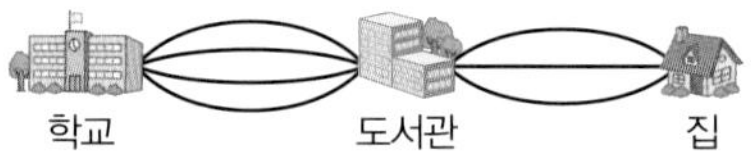


**유제 3-2** 다음 식을 전개하였을 때, 항의 개수를 구하시오.

(1) $(a+b+c)(p+q+r)$

(2) $(a+b)(p+q+r)(x+y+z)$

**대표 예제 4**
곱의 법칙 (2)

Tip 144를 소인수분해한 후 곱의 법칙을 이용한다.

144의 양의 약수의 개수를 구하시오.

**유제 4-1** 다음 수의 양의 약수의 개수를 구하시오.

(1) 72

(2) 250

**대표 예제 5**
곱의 법칙 (3)

Tip 각 영역에 색을 칠하는 방법의 수를 각각 구한 후 곱의 법칙을 이용한다.

오른쪽 그림과 같은 3개의 영역 A, B, C를 서로 다른 3가지의 색으로 칠하려고 한다. 같은 색을 중복하여 사용해도 좋으나 이웃한 영역은 서로 다른 색을 칠하는 방법의 수를 구하시오.

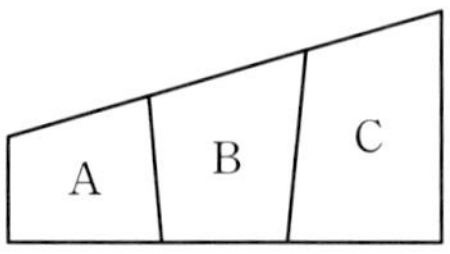


**유제 5-1** 오른쪽 그림과 같은 4개의 영역 A, B, C, D를 서로 다른 4가지의 색으로 칠하려고 한다. 같은 색을 중복하여 사용해도 좋으나 이웃한 영역은 서로 다른 색을 칠하는 방법의 수를 구하시오.

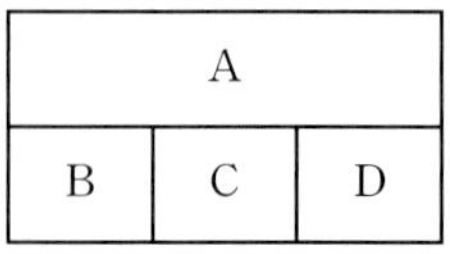

해답 ☞ 32쪽

## 교과서 필수 개념 3 순열

### 1. 순열

(1) 순열: 서로 다른 $n$개에서 $r(0<r\le n)$개를 택하여 일렬로 나열하는 것을 $n$개에서 $r$개를 택하는 순열이라 하고, 이 순열의 수를 기호로 ${}_{n}\mathrm{P}_{r}$와 같이 나타낸다.

$_n\mathrm{P}_r$ — $n$: 서로 다른 것의 개수, $r$: 순서를 생각하여 택하는 것의 개수

(2) 순열의 수: 서로 다른 $n$개에서 $r$개를 택하는 순열의 수는

$${}_{n}\mathrm{P}_{r}=\underbrace{n(n-1)(n-2)\times\cdots\times(n-r+1)}_{r\text{개}}\ (\text{단, } 0<r\le n)$$ ❶

예 서로 다른 4개에서 2개를 택하는 순열의 수는 ${}_{4}\mathrm{P}_{2}=4\times3=12$

### 2. $n$의 계승

(1) $n$의 계승: 1부터 $n$까지의 자연수를 차례대로 곱한 것을 $n$의 계승이라 하고, 기호로 $n!$과 같이 나타낸다. 즉,

$$n!=n(n-1)(n-2)\times\cdots\times3\times2\times1$$ ❷

예 $4!=4\times3\times2\times1=24$

(2) 계승을 이용한 순열의 수

① ${}_{n}\mathrm{P}_{n}=n!$　② $0!=1$, ${}_{n}\mathrm{P}_{0}=1$　③ ${}_{n}\mathrm{P}_{r}=\dfrac{n!}{(n-r)!}$ (단, $0\le r\le n$)

❶
$n$가지 → 첫 번째
$(n-1)$가지 → 두 번째
$(n-2)$가지 → 세 번째
⋮
$\{n-(r-1)\}$가지 → $r$번째

❷ $n!$은 '$n$팩토리얼(factorial)'이라 읽는다.

**Core 특강 조건이 주어진 순열의 수**

(1) 이웃하는 것이 있는 순열의 수 → 이웃하는 것을 한 묶음으로 생각하여 순열의 수를 구한 후 묶음 안에서 자리를 바꾸는 순열의 수를 곱한다.
(2) 이웃하지 않는 것이 있는 순열의 수 → 이웃해도 상관없는 것을 일렬로 나열한 후 그 사이사이와 양 끝에 이웃하지 않는 것을 나열하는 경우의 수를 구한다.
(3) '적어도 ~'의 조건이 있는 경우의 순열의 수 → 모든 경우의 수에서 조건을 만족시키지 않는 경우의 수를 뺀다.

**대표 예제 6**

${}_{n}\mathrm{P}_{r}$의 계산

Tip ${}_{n}\mathrm{P}_{2}=n(n-1)$

${}_{n}\mathrm{P}_{2}=42$를 만족시키는 자연수 $n$의 값을 구하시오.

**유제 6-1** ${}_{6}\mathrm{P}_{r}=120$을 만족시키는 자연수 $r$의 값을 구하시오.

**대표 예제 7**

순열의 수

Tip 천의 자리에는 0이 올 수 없음에 주의한다.

6개의 숫자 0, 1, 2, 3, 4, 5가 각각 하나씩 적힌 6장의 카드에서 서로 다른 4장을 택하여 만들 수 있는 네 자리 자연수의 개수를 구하시오.

**유제 7-1** 5명의 학생 A, B, C, D, E 중에서 회장 1명, 부회장 1명, 총무 1명을 뽑을 때, A가 회장으로 뽑히는 경우의 수를 구하시오.

**유제 7-2** 남학생 4명과 여학생 2명을 일렬로 세울 때, 여학생끼리 이웃하도록 세우는 경우의 수를 구하시오.

## 교과서 필수 개념 4 조합

### 1. 조합

(1) 조합: 서로 다른 $n$개에서 순서를 생각하지 않고 $r(0<r\le n)$개를 택하는 것을 $n$개에서 $r$개를 택하는 조합이라 하고, 이 조합의 수를 기호로 ${}_n\mathrm{C}_r$와 같이 나타낸다.

${}_n\mathrm{C}_r$: $n$ ← 서로 다른 것의 개수, $r$ ← 순서를 생각하지 않고 택하는 것의 개수

(2) 조합의 수: 서로 다른 $n$개에서 $r$개를 택하는 조합의 수는

$${}_n\mathrm{C}_r=\frac{{}_n\mathrm{P}_r}{r!}=\frac{n(n-1)(n-2)\times\cdots\times(n-r+1)}{r!}$$ ❶

$$=\frac{n!}{r!(n-r)!}\ (\text{단, } 0\le r\le n)$$

예 서로 다른 5개에서 2개를 택하는 조합의 수는 ${}_5\mathrm{C}_2=\frac{5\times4}{2\times1}=10$

❶ 곱의 법칙: ${}_n\mathrm{C}_r$ (서로 다른 $n$개에서 $r$개를 택하는 조합의 수) × $r!$ (택한 $r$개를 일렬로 나열하는 경우의 수) = ${}_n\mathrm{P}_r$ (서로 다른 $n$개에서 $r$개를 택하는 순열의 수)

### 2. 조합의 수의 성질 중요

(1) ${}_n\mathrm{C}_0=1,\ {}_n\mathrm{C}_n=1$

(2) ${}_n\mathrm{C}_r={}_n\mathrm{C}_{n-r}$ (단, $0\le r\le n$) ❷

(3) ${}_n\mathrm{C}_r={}_{n-1}\mathrm{C}_{r-1}+{}_{n-1}\mathrm{C}_r$ (단, $1\le r<n$)

❷ $n$개에서 $r$개를 택하는 조합의 수는 $n$개에서 뽑히지 않을 $(n-r)$개를 택하는 조합의 수와 같다.

**Core 특강 조건이 주어진 조합의 수**

서로 다른 $n$개에서 $r$개를 택할 때,

(1) 특정한 $k$개를 반드시 포함하여 $r$개를 택하는 방법의 수 ➜ $(n-k)$개에서 $(r-k)$개를 택하는 방법의 수와 같으므로 ${}_{n-k}\mathrm{C}_{r-k}$

(2) 특정한 $k$개를 반드시 제외하고 $r$개를 택하는 방법의 수 ➜ $(n-k)$개에서 $r$개를 택하는 방법의 수와 같으므로 ${}_{n-k}\mathrm{C}_r$

**대표 예제 8** ${}_n\mathrm{C}_r$의 계산

${}_n\mathrm{C}_2=6$을 만족시키는 자연수 $n$의 값을 구하시오.

**유제 8-1** ${}_8\mathrm{C}_2={}_8\mathrm{C}_r$를 만족시키는 자연수 $r$의 값을 구하시오. (단, $r\ne2$)

Tip ${}_n\mathrm{C}_r={}_n\mathrm{C}_{n-r}$ (단, $0\le r\le n$)

**대표 예제 9** 조합의 수

어느 독서 토론 모임에는 남학생이 5명, 여학생이 7명 있다. 이 중에서 독서 토론회에 참가할 남학생 2명과 여학생 3명을 뽑는 경우의 수를 구하시오.

**유제 9-1** 농구 선수 5명과 배구 선수 6명 중에서 3명을 뽑을 때, 다음을 구하시오.

(1) 종목에 상관없이 3명을 뽑는 경우의 수

(2) 농구 선수 1명, 배구 선수 2명을 뽑는 경우의 수

**유제 9-2** 1부터 9까지의 자연수가 각각 하나씩 적힌 9장의 카드에서 서로 다른 3장의 카드를 택할 때, 소수가 적힌 카드가 포함되지 않도록 택하는 경우의 수를 구하시오.

# 핵심 개념 & 공식 리뷰

해답 ☞ 33쪽

## 리뷰 1 빈칸을 채우는 공식 리뷰

**01** 다음 □ 안에 알맞은 것을 써넣으시오.

(1) 두 사건 $A$, $B$가 동시에 일어나지 않을 때, 두 사건 $A$, $B$가 일어나는 경우의 수가 각각 $m$, $n$이면 사건 $A$ 또는 사건 $B$가 일어나는 경우의 수는 □

(2) 두 사건 $A$, $B$에 대하여 사건 $A$가 일어나는 경우의 수가 $m$이고, 그 각각에 대하여 사건 $B$가 일어나는 경우의 수가 $n$이면 두 사건 $A$, $B$가 동시에 일어나는 경우의 수는 □

(3) $0!=$□, ${}_n\mathrm{P}_0=$□, ${}_n\mathrm{P}_{□}=n!$

(4) ${}_n\mathrm{C}_0=$□, ${}_n\mathrm{C}_n=$□

(5) ${}_n\mathrm{C}_r={}_n\mathrm{C}_{□}$ (단, $0\le r<n$)

(6) ${}_n\mathrm{C}_r={}_{n-1}\mathrm{C}_{r-1}+$□ (단, $1\le r<n$)

## 리뷰 2 합의 법칙, 곱의 법칙

**02** 다음 경우의 수를 구할 때, 합의 법칙을 이용하는 것은 '합', 곱의 법칙을 이용하는 것은 '곱'을 (　) 안에 써넣으시오.

(1) 4종류의 햄버거와 3종류의 음료수가 있을 때, 햄버거와 음료수를 각각 하나씩 사는 경우의 수 (　　)

(2) 서로 다른 두 개의 주사위를 동시에 던질 때, 나오는 눈의 수의 합이 6 또는 10이 되는 경우의 수 (　　)

(3) 십의 자리의 숫자와 일의 자리의 숫자가 모두 홀수인 두 자리 자연수의 개수 (　　)

(4) 식 $(x+y+z)(a+b+c+d+e)$를 전개하였을 때 나타나는 모든 항의 개수 (　　)

(5) 1부터 10까지의 자연수 중에서 2의 배수 또는 7의 배수의 개수 (　　)

## 리뷰 3 순열, 조합

**03** 다음 경우의 수를 구할 때, 순열의 수를 이용하는 것은 'P', 조합의 수를 이용하는 것은 'C'를 (　) 안에 써넣으시오.

(1) 남학생 6명과 여학생 5명 중에서 3명을 뽑는 경우의 수 (　　)

(2) 7명 중 3명을 뽑아 일렬로 줄을 세우는 경우의 수 (　　)

(3) 1부터 10까지의 자연수가 각각 하나씩 적힌 10개의 공이 들어있는 주머니에서 4개의 공을 동시에 꺼내는 경우의 수 (　　)

(4) 관광지 8곳 중에서 2곳을 골라 둘러보는 순서를 정하는 경우의 수 (　　)

(5) 오른쪽 그림과 같이 원 위에 일정한 간격으로 놓여 있는 8개의 점 중에서 서로 다른 3개의 점을 이어서 만들 수 있는 삼각형의 개수

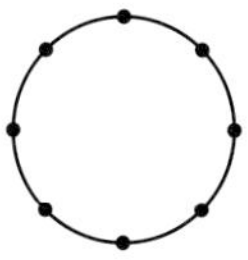

(　　)

**04** 다음 값을 구하시오.

(1) ${}_9\mathrm{P}_2$　　(2) ${}_5\mathrm{P}_4$

(3) $4!$　　(4) ${}_9\mathrm{C}_0$

(5) ${}_7\mathrm{C}_3$　　(6) ${}_{21}\mathrm{C}_{19}$

**05** 다음을 만족시키는 자연수 $n$ 또는 $r$의 값을 구하시오.

(1) ${}_n\mathrm{P}_3=24$　　(2) ${}_7\mathrm{P}_r=42$

(3) ${}_n\mathrm{C}_2=15$　　(4) ${}_4\mathrm{C}_r=6$

# 빈출 문제로 실전 연습

**01** / 합의 법칙 /

자연수 $x$, $y$에 대하여 $6 \le 3x+y \le 10$을 만족시키는 순서쌍 $(x, y)$의 개수는?

① 8 ② 9 ③ 10
④ 11 ⑤ 12

**02** / 합의 법칙 /

1부터 100까지의 자연수 중에서 9와 13으로 모두 나누어떨어지지 않는 자연수의 개수는?

① 58 ② 66 ③ 74
④ 82 ⑤ 90

**03** / 곱의 법칙 /

오른쪽 그림과 같이 네 지점 A, B, C, D를 연결하는 도로가 있다. A 지점에서 출발하여 D지점까지 가는 방법의 수는? (단, 같은 지점을 두 번 이상 지나지 않는다.)

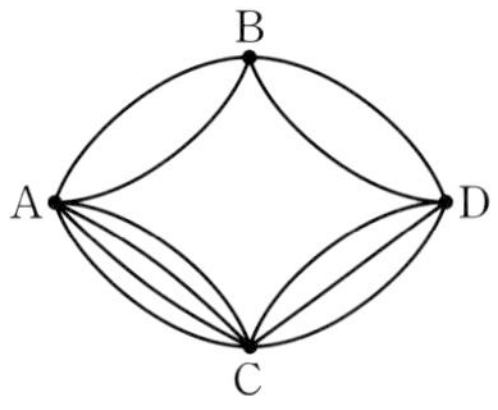


① 11 ② 16 ③ 22
④ 36 ⑤ 48

**04** / 곱의 법칙 /

100원짜리 동전 1개, 500원짜리 동전 3개를 일부 또는 전부 사용하여 지불할 수 있는 방법의 수는?
(단, 0원을 지불하는 경우는 제외한다.)

① 4 ② 5 ③ 6
④ 7 ⑤ 8

**05** / ${}_nP_r$의 계산 /

${}_nP_4 - 20{}_nP_2 = 0$을 만족시키는 자연수 $n$의 값은?

① 5 ② 6 ③ 7
④ 8 ⑤ 9

내신 빈출

**06** / 특정 위치가 정해진 순열의 수 /

서로 다른 소설책 2권과 시집 4권을 책꽂이에 일렬로 꽂을 때, 소설책이 양 끝에 오도록 꽂는 경우의 수를 구하시오.

**07** / 특정 위치가 정해진 순열의 수 /

$a$, $b$, $c$, $d$, $e$, $f$의 6개의 문자를 일렬로 나열할 때, 모음끼리 이웃하지 않게 나열하는 경우의 수를 구하시오.

내신 빈출

## 08

/ 순열의 수 /

0, 1, 2, 3, 4의 숫자가 각각 하나씩 적힌 5장의 카드를 모두 사용하여 다섯 자리 자연수를 만들 때, 32000보다 큰 수의 개수는?

① 24 ② 32 ③ 36
④ 42 ⑤ 48

## 09

/ 조합의 수의 성질 /

${}_{9}C_{4}+{}_{9}C_{5}+{}_{10}C_{6}={}_{n}C_{6}$을 만족시키는 자연수 $n$의 값은?

① 9 ② 10 ③ 11
④ 12 ⑤ 13

## 10

/ 조합의 수 /

오른쪽 그림과 같이 가로로 평행한 5개의 직선과 세로로 평행한 4개의 직선이 있을 때, 이들 직선으로 만들 수 있는 서로 다른 평행사변형의 개수를 구하시오.

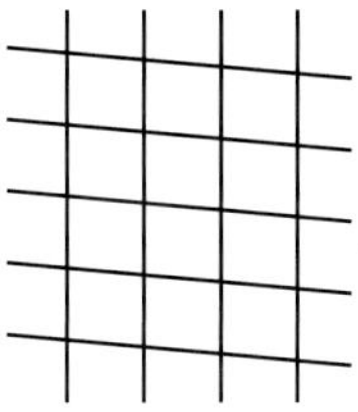

## 11

/ 조합의 수 /

1학년 학생 5명, 2학년 학생 2명, 3학년 학생 3명으로 구성된 동아리에서 동아리 대표 3명을 뽑을 때, 2학년 학생이 적어도 한 명은 뽑히는 경우의 수를 구하시오.

# 교과서 속 사고력 UP

## 12

/ 순열의 수와 조합의 수 /

집합 $X=\{1, 2, 3, 4\}$에서 $Y=\{1, 2, 3, 4, 5, 6\}$으로의 함수 $f$가 있다. $x_1 \neq x_2$이면 $f(x_1) \neq f(x_2)$인 함수 $f$의 개수를 $a$, $x_1 < x_2$이면 $f(x_1) < f(x_2)$인 함수 $f$의 개수를 $b$라 할 때, $a+b$의 값은?

① 300 ② 325 ③ 350
④ 375 ⑤ 400

## 13

/ 조합의 수 /

오른쪽 그림과 같이 반원 위에 8개의 점이 있다. 이 점들을 이어서 만들 수 있는 삼각형의 개수는?

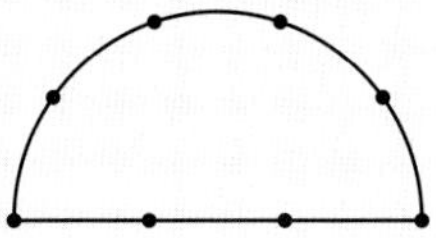

① 50 ② 51 ③ 52
④ 53 ⑤ 54

## 14

/ 조합의 수 /

6명의 선수가 오른쪽 그림과 같은 토너먼트 방식으로 경기를 한다고 할 때, 대진표를 작성하는 경우의 수를 구하시오.

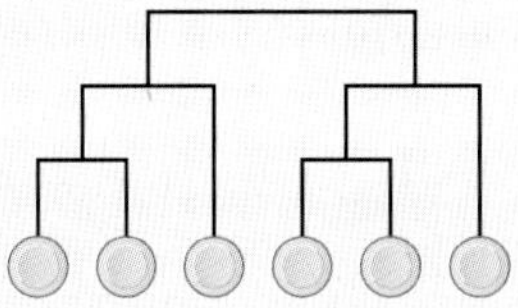

5지 선다형

## 01

집합 $A=\left\{x \middle| x=\frac{6}{4-n},\ n\text{과 } x\text{는 자연수}\right\}$에 대하여 $n(A)$는?

① 1 ② 2 ③ 3
④ 4 ⑤ 5

## 02

두 집합

$A=\{1, 3, 9\}$, $B=\{3, 5, 7\}$

에 대하여 집합 $A-B$의 모든 원소의 합은?

① 2 ② 4 ③ 6
④ 8 ⑤ 10

## 03

두 집합 $A=\{x|x^2-7x+10=0\}$, $B=\{a, b\}$에 대하여 $A=B$일 때, 상수 $a$, $b$에 대하여 $a^2+b^2$의 값은?

① 21 ② 23 ③ 25
④ 27 ⑤ 29

## 04

두 집합

$A=\{x|(x-1)(x-2)=0\}$,
$B=\{x|x^2-4x+3=0\}$

에 대하여 집합 $A\cup B$의 모든 원소의 합은?

① 3 ② 4 ③ 5
④ 6 ⑤ 7

## 05

전체집합 $U$의 두 부분집합 $A$, $B$에 대하여 다음 중 집합 $A^C-B^C$과 항상 같은 것은?

① $A\cap B$ ② $A\cup B$ ③ $A-B$
④ $B-A$ ⑤ $A^C\cap B^C$

## 06

명제 '$x=a$이면 $(x-2)^2=a$이다.'가 참이 되도록 하는 모든 실수 $a$의 값의 곱은?

① 2 ② 4 ③ 6
④ 8 ⑤ 10

## 07

집합 $A=\{1, 2, 3, 4, 5\}$의 부분집합 중에서 짝수를 하나 이상 포함하는 부분집합의 개수는?

① 22 ② 24 ③ 26
④ 28 ⑤ 30

## 08

세 조건 $p$, $q$, $r$의 진리집합을 각각 $P$, $Q$, $R$라 하자. $p \Longrightarrow q$, $q \Longrightarrow r$일 때, 다음 중 옳지 않은 것은?

① $P\subset Q$ ② $Q\subset R$ ③ $P\subset R$
④ $P^C\subset R$ ⑤ $R^C\subset P^C$

## 09

전체집합 $U=\{-1, 0, 1\}$에 대하여 $x\in U$일 때, 다음 명제 중 거짓인 것을 모두 고르면? (정답 2개)

① 모든 $x$에 대하여 $x\geq 0$이다.
② 어떤 $x$에 대하여 $x^2=1$이다.
③ 어떤 $x$에 대하여 $x^2<x$이다.
④ 어떤 $x$에 대하여 $x+\sqrt{x^2}=0$이다.
⑤ 모든 $x$에 대하여 $x^3=x$이다.

## 10

실수 $x$, $y$에 대하여 다음 명제 중 그 역이 참인 것을 모두 고르면? (정답 2개)

① $x=2$이면 $x^2=4$이다.
② $xy>0$이면 $x+y>0$이다.
③ $x>-2$이면 $x^2<4$이다.
④ $x=y$이면 $\sqrt{x^2}=\sqrt{y^2}$이다.
⑤ $x+y=1$이면 $(x-1)^2+y^2=0$이다.

## 11

모든 실수 $x$에 대하여 옳은 것만을 **보기**에서 있는 대로 고른 것은?

보기

ㄱ. $x^2+1>0$

ㄴ. $x^2+x+1>0$

ㄷ. $x^2+2x+1>0$

① ㄱ ② ㄴ ③ ㄷ

④ ㄱ, ㄴ ⑤ ㄱ, ㄷ

## 12

두 집합 $A$, $B$에 대하여

$n(A)+n(B)=24$,

$n(A-B)+n(B-A)=16$

일 때, $n(A\cap B)$는?

① 2 ② 4 ③ 6

④ 8 ⑤ 10

## 13

$2x+|x|=6$은 $x^2+ax+b=0$이기 위한 필요충분조건일 때, 상수 $a$, $b$에 대하여 $a+b$의 값은?

① 0 ② 4 ③ 8

④ 12 ⑤ 16

## 14

다음은 두 실수 $a$, $b$에 대하여 부등식

$a^2+b^2\geq 2a+4b-5$

가 성립함을 **증명**하는 과정이다.

증명

$a^2+b^2-2a-4b+5=(a-1)^2+$ (가)

$(a-1)^2\geq 0$, (가) $\geq 0$이므로

$(a-1)^2+$ (가) $\geq 0$

$\therefore a^2+b^2\geq 2a+4b-5$

이때 등호는 $a=1$, $b=$ (나) 일 때 성립한다.

위의 과정에서 (가)에 알맞은 식을 $f(b)$, (나)에 알맞은 수를 $k$라 할 때, $f(k+4)$의 값은?

① 1 ② 4 ③ 9

④ 16 ⑤ 25

## 15

$x>2$일 때, $x^2+\frac{25}{x^2-4}$의 최솟값은?

① 10 ② 12 ③ 14

④ 16 ⑤ 18

## 16

네 조건 $p$, $q$, $r$, $s$에 대하여 명제 $p \longrightarrow r$, $q \longrightarrow \sim s$, $\sim q \longrightarrow \sim r$가 모두 참일 때, 다음 중 항상 참인 명제는?

① $p \longrightarrow s$ ② $q \longrightarrow p$ ③ $r \longrightarrow s$
④ $s \longrightarrow \sim p$ ⑤ $\sim s \longrightarrow r$

## 17

어느 반 학생 30명 중 축구장에 가 본 적이 있는 학생은 22명이고, 농구장에 가 본 적이 있는 학생은 17명이다. 두 경기장에 모두 가 보지 않은 학생은 없다고 할 때, 두 경기장에 모두 가 본 학생 수는?

① 7 ② 9 ③ 11
④ 13 ⑤ 15

단답형

## 18

전체집합 $U=\{x \mid x$는 5 이하의 자연수$\}$의 두 부분집합 $A=\{2, 3, 5\}$, $B=\{2, 4\}$에 대하여 집합 $A^C \cup B$의 모든 원소의 합을 구하시오.

## 19

전체집합 $U=\{-3, -2, -1, 0, 1, 2, 3\}$에 대하여 조건 $p$: $|x-1| \le 2$의 진리집합을 $P$라 할 때, 집합 $P$의 원소의 개수를 구하시오.

## 20

실수 전체의 집합에 대하여 명제

'어떤 실수 $x$에 대하여 $x^2-8x+k<0$이다.'

의 부정이 참이 되도록 하는 실수 $k$의 최솟값을 구하시오.

## 21

두 집합 $A=\{1, 2, 4\}$, $B=\{1, 2, 3, 4, 6, 12\}$에 대하여 $A\cap X=A$, $B\cup X=B$를 모두 만족시키는 집합 $X$의 개수를 구하시오.

## 22

어느 반 학생 30명 중 영화를 좋아하는 학생은 20명, 연극을 좋아하는 학생은 14명이고, 영화와 연극을 모두 좋아하는 학생은 12명이다. 영화와 연극을 모두 좋아하지 않는 학생 수를 구하시오.

## 23

세 조건

$p$ : $-1<x\leq 1$ 또는 $x\geq 3$,

$q$ : $x>a$,

$r$ : $x\geq b$

에 대하여 $p$는 $q$이기 위한 충분조건이고, $p$는 $r$이기 위한 필요조건이다. 실수 $a$, $b$에 대하여 $a$의 최댓값과 $b$의 최솟값의 합을 구하시오.

## 24

오른쪽 그림과 같이 수직인 두 벽면 사이에 길이가 10 m인 울타리를 세워 만든 직각삼각형 모양의 화단이 있다. 이 화단의 최대 넓이를 $a\text{ m}^2$라 할 때, 상수 $a$의 값을 구하시오.

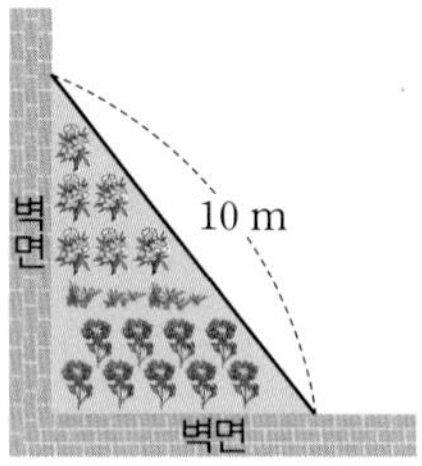


## 25

집합 $A=\{1, 3, 5, 7, 9\}$의 부분집합 중 원소 1을 포함하는 서로 다른 부분집합을 각각 $A_1$, $A_2$, $A_3$, $\cdots$, $A_{16}$이라 하고, 각 집합의 모든 원소의 합을 $a_1$, $a_2$, $a_3$, $\cdots$, $a_{16}$이라 하자. $a_1+a_2+a_3+\cdots+a_{16}$의 값을 구하시오.

5지 선다형

## 01

서로 다른 2개의 주사위를 동시에 던져서 나오는 눈의 수의 차 또는 합이 4인 경우의 수는?

① 5 ② 6 ③ 7
④ 8 ⑤ 9

## 02

다음 보기의 함수 중 그 그래프가 제1사분면을 지나는 것만을 있는 대로 고른 것은?

보기
ㄱ. $f(x)=\frac{3}{x}$
ㄴ. $g(x)=-\frac{1}{x}$
ㄷ. $h(x)=\frac{1}{3x}$

① ㄱ ② ㄴ ③ ㄷ
④ ㄱ, ㄴ ⑤ ㄱ, ㄷ

## 03

함수 $y=2\sqrt{3x+3}+a$의 정의역이 $\{x|x\geq b\}$이고 치역이 $\{y|y\geq 4\}$일 때, 상수 $a$, $b$에 대하여 $a+b$의 값은?

① 2 ② 3 ③ 4
④ 5 ⑤ 6

## 04

함수 $f(x)$에 대하여 $f\left(\frac{x+1}{2}\right)=3x-4$일 때, $f(2)$의 값은?

① 1 ② 2 ③ 3
④ 4 ⑤ 5

## 05

함수 $y=\sqrt{2x}$의 그래프를 $x$축의 방향으로 1만큼, $y$축의 방향으로 5만큼 평행이동한 그래프가 점 $(9, a)$를 지날 때, $a$의 값은?

① 5 ② 6 ③ 7
④ 8 ⑤ 9

## 06

두 함수 $f(x)=x+a$, $g(x)=-3x+b$에 대하여 $f^{-1}(3)=1$, $g^{-1}(5)=-1$일 때, $a+b$의 값은?

(단, $a$, $b$는 상수이다.)

① 1 ② 2 ③ 3
④ 4 ⑤ 5

## 07

함수 $f(x)=\dfrac{x-1}{x+1}$에 대하여 $(f^{-1}\circ f\circ f^{-1})(4)$의 값은?

① $-\dfrac{5}{3}$ ② $-\dfrac{2}{3}$ ③ 1
④ $\dfrac{5}{3}$ ⑤ 2

## 08

실수 전체의 집합 $R$에서 $R$로의 함수 $f$가

$$f(x)=\begin{cases}\sqrt{2}x & (x\text{는 무리수})\\ \dfrac{1}{x} & (x\text{는 유리수})\end{cases}$$

일 때, $(f\circ f\circ f)(\sqrt{2})$의 값은?

① $\dfrac{1}{4}$ ② $\dfrac{1}{2}$ ③ 1
④ 2 ⑤ 4

## 09

집합 $X=\{1, 2, 3, 4, 5\}$를 정의역으로 하는 함수 $f$를

$f(x)=(2x^2$의 일의 자리의 숫자)

로 정의할 때, 치역의 모든 원소의 합은?

① 2 ② 4 ③ 6
④ 8 ⑤ 10

## 10

집합 $X=\{1, 2, 3, 4\}$에 대하여 $X$에서 $X$로의 두 함수 $f$, $g$는 각각 일대일대응, 항등함수이다. $f(3)\le f(1)$, $f(3)=g(3)$일 때, $f(2)+f(4)$의 값은?

① 2 ② 3 ③ 4
④ 5 ⑤ 6

## 11

분모를 0이 되지 않도록 하는 모든 실수 $x$에 대하여 등식

$$\frac{2}{x(x+2)}+\frac{5}{(x+2)(x+7)}=\frac{a}{x(x+b)}$$

가 성립할 때, $a+b$의 값은? (단, $a$, $b$는 상수이다.)

① 8 ② 10 ③ 12
④ 14 ⑤ 16

## 12

함수 $f(x)=\frac{ax+1}{x+b}$의 그래프의 점근선의 교점의 좌표가 $(2, 3)$일 때, $f(3)$의 값은? (단, $a$, $b$는 상수이다.)

① 9 ② $\frac{19}{2}$ ③ 10
④ $\frac{21}{2}$ ⑤ 11

## 13

함수 $y=\frac{k}{x-p}+q$의 그래프가 오른쪽 그림과 같을 때, 상수 $k$, $p$, $q$에 대하여 $kpq$의 값은?

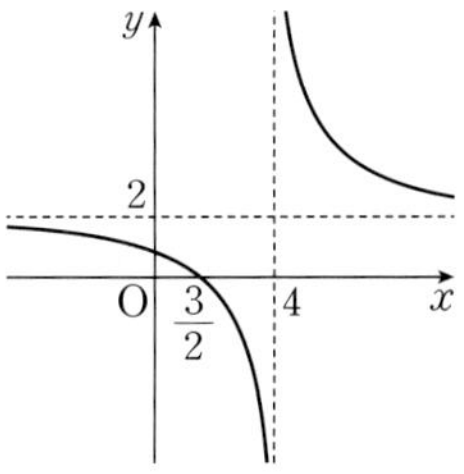


① 32 ② 34
③ 36 ④ 38
⑤ 40

## 14

$f(x)=\frac{1}{\sqrt{x-1}-\sqrt{x}}+\frac{1}{\sqrt{x-1}+\sqrt{x}}$에 대하여 $f(2)+f(5)$의 값은?

① $-8$ ② $-6$ ③ $-4$
④ $-2$ ⑤ 0

## 15

함수 $y=-\sqrt{3-3x}+2$의 그래프가 지나는 사분면을 모두 나열한 것은?

① 제1사분면, 제2사분면
② 제2사분면, 제3사분면
③ 제1사분면, 제2사분면, 제3사분면
④ 제1사분면, 제2사분면, 제4사분면
⑤ 제2사분면, 제3사분면, 제4사분면

## 16

오른쪽 그림과 같이 5개의 영역 A, B, C, D, E를 서로 다른 5가지 색으로 칠하려고 한다. 같은 색을 중복하여 사용해도 좋으나 이웃한 영역은 서로 다른 색을 칠하는 방법의 수는?

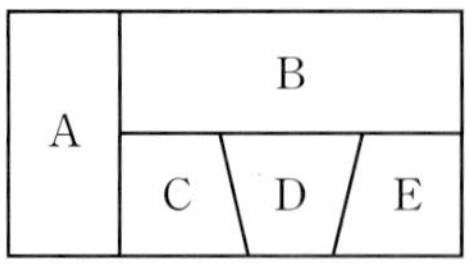


① 120 ② 243 ③ 540
④ 960 ⑤ 1024

## 17

남학생 4명과 여학생 6명으로 구성된 동아리에서 대표 4명을 뽑을 때, 남학생과 여학생을 각각 적어도 1명씩 포함하는 경우의 수는?

① 176 ② 182 ③ 194
④ 200 ⑤ 210

**단답형**

## 18

두 함수

$f(x)=-2x+1$, $g(x)=x+4$

에 대하여 $(f\circ g)(x)=ax+b$일 때, $ab$의 값을 구하시오.

(단, $a$, $b$는 상수이다.)

## 19

$\dfrac{\sqrt{3x+3}}{\sqrt{12-3x}}$의 값이 실수가 되도록 하는 정수 $x$의 개수를 구하시오.

## 20

함수 $y=\dfrac{3x+k}{x-1}$의 그래프를 평행이동하면 함수 $y=\dfrac{5}{x}$의 그래프와 일치할 때, 상수 $k$의 값을 구하시오.

해답 ☞ 39쪽

## 21

오른쪽 그림과 같이 원 위에 8개의 점이 일정한 간격으로 놓여 있다. 이 점 중에서 서로 다른 3개의 점을 이어서 만들 수 있는 삼각형의 개수를 구하시오.

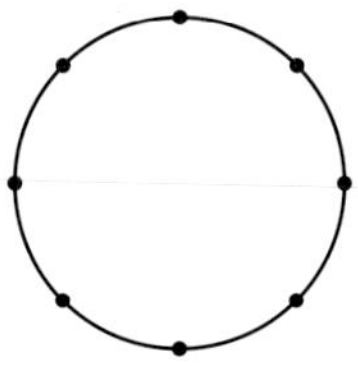

## 22

함수 $f(x)=2x$에 대하여

$$f^1(x)=f(x),\ f^{n+1}(x)=f(f^n(x))\ (n\text{은 자연수})$$

로 정의할 때, $f^4(2)$의 값을 구하시오.

## 23

함수 $y=\sqrt{ax+b}+c$의 그래프가 오른쪽 그림과 같을 때, 상수 $a$, $b$, $c$에 대하여 $a+b+c$의 값을 구하시오.

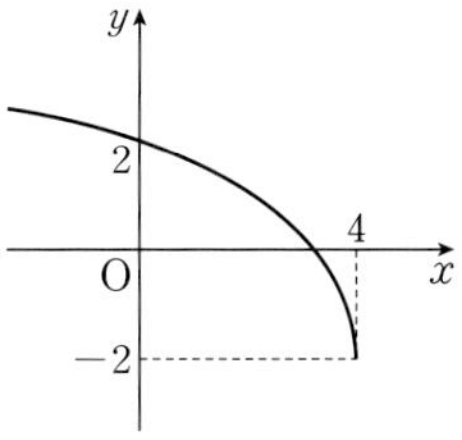


## 24

남학생 3명과 여학생 3명을 일렬로 세울 때, 앞에서 두 번째와 네 번째에 여학생이 오도록 세우는 경우의 수를 구하시오.

## 25

각 자리의 숫자가 서로 다른 세 자리 자연수를 작은 수부터 차례대로 나열할 때, 220번째에 오는 수를 구하시오.

단기핵심공략서

START CORE

# 스코어 START

스타트

## 정답과 해설

# 고등 수학(하)

단기핵심공략서
START CORE

# 스코어 START

스타트

정답과 해설

# 고등 수학(하)

I. 집합과 명제

# 01강 집합의 뜻과 표현

## 교과서 필수 개념 1 집합의 뜻과 표현

본문 ☞ 6쪽

**대표예제 1** $A=\{1, 2, 3, 4, 6, 8, 12, 24\}$이므로

④ $16 \notin A$

답 ④

**유제 1-1** 소인수분해했을 때 소인수가 2와 3뿐이면 집합 $A$의 원소이다.

① $6=2\times3$ ② $14=2\times7$

③ $24=2^3\times3$ ④ $54=2\times3^3$

⑤ $72=2^3\times3^2$

따라서 집합 $A$의 원소가 아닌 것은 ②이다.

답 ②

참고 집합 $A$를 조건제시법으로 나타내면

$A=\{x\mid x=2^m\times3^n, m, n$은 자연수$\}$

**유제 1-2** $A=\{-1, 0, 1\}$, $B=\{1, 2\}$이므로 $a\in A$, $b\in B$에 대하여 $a+b$의 값을 구하면 오른쪽 표와 같다.

| $a$ \ $b$ | 1 | 2 |
|---|---|---|
| $-1$ | 0 | 1 |
| 0 | 1 | 2 |
| 1 | 2 | 3 |

$\therefore C=\{0, 1, 2, 3\}$

답 $C=\{0, 1, 2, 3\}$

## 교과서 필수 개념 2 원소의 개수에 따른 집합의 분류

본문 ☞ 7쪽

**대표예제 2** (i) $50=3\times16+2$에서 50보다 작은 자연수 중 3의 배수의 개수는 16이므로 $n(A)=16$

(ii) $x^2=3$에서 $x=-\sqrt{3}$ 또는 $x=\sqrt{3}$

따라서 $x^2=3$을 만족시키는 유리수는 없으므로 $B=\varnothing$

$\therefore n(B)=0$

(iii) $C=\{2, 3, 5, 7, 11, 13\}$이므로 $n(C)=6$

(i), (ii), (iii)에 의하여

$n(A)-n(B)-n(C)=16-0-6=10$

답 10

**유제 2-1** (1) 100 이하의 자연수 중 홀수의 개수는 50이므로 $n(A)=50$

(2) $A=\varnothing$이므로 $n(A)=0$

(3) $|x|<2$에서 $-2<x<2$이므로 정수 $x$는 $-1, 0, 1$의 3개이다. ($A=\{-1, 0, 1\}$)

$\therefore n(A)=3$

답 (1) 50 (2) 0 (3) 3

**유제 2-2** ㄱ. 집합 $\{\varnothing\}$의 원소는 $\varnothing$의 1개이다.

$\therefore n(\{\varnothing\})=1$ (참)

ㄴ. $n(\{1, 2, 3\})-n(\{1, 2\})=3-2=1$ (거짓)

ㄷ. $x^2=-1$을 만족시키는 실수 $x$는 없으므로 $A=\varnothing$

$\therefore n(A)=0$ (거짓)

ㄹ. $A=\{1, 2, 5, 10\}$, $B=\{1, 2, 4, 8\}$이므로

$n(A)=4$, $n(B)=4$

$\therefore n(A)=n(B)$ (참)

따라서 옳은 것은 ㄱ, ㄹ이다.

답 ㄱ, ㄹ

## 교과서 필수 개념 3 집합 사이의 포함 관계

본문 ☞ 8쪽

**대표예제 3** (1) $x^2-3x=0$에서 $x(x-3)=0$

$\therefore x=0$ 또는 $x=3$

즉, $A=\{0, 3\}$이므로 $B\subset A$

(2) $x^2-x-2\le0$에서 $(x+1)(x-2)\le0$

$\therefore -1\le x\le2$

즉, $A=\{x\mid -1\le x\le2\}$

또, $2x-5\le0$에서 $x\le\frac{5}{2}$, 즉 $B=\left\{x \,\middle|\, x\le\frac{5}{2}\right\}$

따라서 두 집합 $A$, $B$를 수직선 위에 나타내면 오른쪽 그림과 같으므로

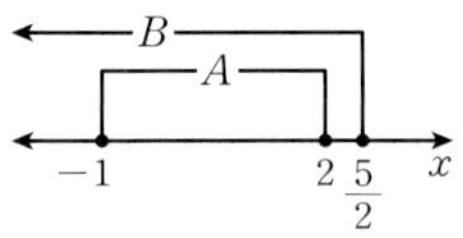


$A\subset B$

답 (1) $B\subset A$ (2) $A\subset B$

**유제 3-1** (1) $x^2-x=0$에서 $x(x-1)=0$

$\therefore x=0$ 또는 $x=1$

즉, $A=\{0, 1\}$

따라서 $A\subset B$이고 $B\subset A$이므로 $A=B$

(2) $|x|<3$에서 $-3<x<3$이므로 정수 $x$는 $-2, -1, 0, 1, 2$

즉, $B=\{-2, -1, 0, 1, 2\}$

따라서 $A\subset B$이고 $B\not\subset A$이므로 $A\neq B$

답 (1) $A=B$ (2) $A\neq B$

**유제 3-2** $A=B$이므로 $B=\{1, 3\}$이어야 한다.

즉, 이차방정식 $x^2+ax+b=0$의 두 근이 1, 3이어야 하므로

$(x-1)(x-3)=0$에서

$x^2-4x+3=0$

따라서 $a=-4$, $b=3$이므로

$ab=-12$

답 $-12$

다른 풀이 이차방정식 $x^2+ax+b=0$의 두 근이 1, 3이므로

$x^2+ax+b=0$에

$x=1$을 대입하면

$1+a+b=0$, 즉 $a+b=-1$ …… ㉠

$x=3$을 대입하면

$9+3a+b=0$, 즉 $3a+b=-9$ …… ㉡

㉠, ㉡을 연립하여 풀면

$a=-4$, $b=3$

$\therefore ab=-12$

**Core 특강**

**이차방정식의 작성**

$\alpha$, $\beta$를 두 근으로 하고 $x^2$의 계수가 1인 이차방정식은

$(x-\alpha)(x-\beta)=0$, 즉 $x^2-(\alpha+\beta)x+\alpha\beta=0$

**대표예제 4** 집합 $A$의 부분집합을 원소의 개수에 따라 구하면

원소의 개수가 0인 부분집합 → $\varnothing$

원소의 개수가 1인 부분집합 → $\{1\}$, $\{2\}$, $\{3\}$

원소의 개수가 2인 부분집합 → $\{1, 2\}$, $\{1, 3\}$, $\{2, 3\}$

원소의 개수가 3인 부분집합 → $\{1, 2, 3\}$

따라서 집합 $A$의 부분집합은

$\varnothing$, $\{1\}$, $\{2\}$, $\{3\}$, $\{1, 2\}$, $\{1, 3\}$, $\{2, 3\}$, $\{1, 2, 3\}$

답 풀이 참조

**유제 4-1** $A=\{2, 3, 5, 7\}$이므로 집합 $A$의 부분집합을 원소의 개수에 따라 구하면

원소의 개수가 0인 부분집합 → $\varnothing$

원소의 개수가 1인 부분집합 → $\{2\}$, $\{3\}$, $\{5\}$, $\{7\}$

원소의 개수가 2인 부분집합 → $\{2, 3\}$, $\{2, 5\}$, $\{2, 7\}$, $\{3, 5\}$, $\{3, 7\}$, $\{5, 7\}$

원소의 개수가 3인 부분집합 → $\{2, 3, 5\}$, $\{2, 3, 7\}$, $\{2, 5, 7\}$, $\{3, 5, 7\}$

원소의 개수가 4인 부분집합 → $\{2, 3, 5, 7\}$

따라서 집합 $A$의 진부분집합은 $A$의 부분집합 중 $A$가 아닌 부분집합이므로

$\varnothing$, $\{2\}$, $\{3\}$, $\{5\}$, $\{7\}$, $\{2, 3\}$, $\{2, 5\}$, $\{2, 7\}$, $\{3, 5\}$, $\{3, 7\}$, $\{5, 7\}$, $\{2, 3, 5\}$, $\{2, 3, 7\}$, $\{2, 5, 7\}$, $\{3, 5, 7\}$

답 풀이 참조

**대표예제 5** ㄱ. 1은 집합 $A$의 원소가 아니므로 $1\notin A$

ㄴ. 3은 집합 $A$의 원소이므로 $3\in A$

ㄷ. $1\notin A$이므로 $\{1, 2\}\not\subset A$

ㄹ. $2\in A$, $3\in A$이므로 $\{2, 3\}\subset A$

ㅁ. $\{1\}\in A$, $\{1\}\notin\{1, 2, 3, 4\}$이므로 $A\not\subset\{1, 2, 3, 4\}$

따라서 옳은 것은 ㄴ, ㄹ이다.

답 ㄴ, ㄹ

**유제 5-1** $A=\{b, c, d\}$, $B=\{a, b, c, d, e\}$

⑤ $\{a, b, c, d, e\}\subset B$

답 ⑤

## 교과서 필수 개념 4 부분집합의 개수

본문 ☞ 9쪽

**대표예제 6** $n(A)=4$이므로

(1) $2^4=16$ (2) $2^4-1=15$

(3) $2^{4-1}=2^3=8$ (4) $2^{4-1}=2^3=8$

답 (1) 16 (2) 15 (3) 8 (4) 8

**유제 6-1** $A=\{2, 4, 6, 8, 10\}$이므로 $n(A)=5$

(1) $2^5=32$ (2) $2^5-1=31$

(3) $2^{5-1}=2^4=16$ (4) $2^{5-1-1}=2^3=8$

답 (1) 32 (2) 31 (3) 16 (4) 8

**유제 6-2** 집합 $A$의 부분집합 중 적어도 한 개의 홀수를 원소로 포함하는 부분집합의 개수는 집합 $A$의 전체 부분집합의 개수에서 홀수를 원소로 포함하지 않는 부분집합의 개수를 뺀 것과 같다.

$n(A)=5$이므로 집합 $A$의 전체 부분집합의 개수는

$2^5=32$

집합 $A$의 부분집합 중 홀수인 원소 3, 5, 7을 포함하지 않는 부분집합의 개수는

$2^{5-3}=2^2=4$

따라서 구하는 부분집합의 개수는

$32-4=28$

답 28

다른풀이 공집합을 제외한 집합 $A$의 부분집합의 개수에서 원소가 모두 짝수인 부분집합의 개수를 빼어서 구할 수도 있다.

공집합을 제외한 집합 $A$의 부분집합의 개수는

$2^5-1=31$

원소가 모두 짝수인 부분집합, 즉 원소가 2 또는 4인 부분집합의 개수는

$2^2-1=3$

따라서 구하는 부분집합의 개수는

$31-3=28$

**대표예제 7** $A=\{1, 2, 3\}$, $B=\{1, 2, 3, 4, 5, 6\}$이므로

$\{1, 2, 3\}\subset X\subset\{1, 2, 3, 4, 5, 6\}$

따라서 집합 $X$의 개수는 집합 $B=\{1, 2, 3, 4, 5, 6\}$의 부분집합 중 원소 1, 2, 3을 포함하는 부분집합의 개수와 같으므로

$2^{6-3}=2^3=8$

답 8

**유제 7-1** $A=\{1, 2, 4\}$, $B=\{1, 2, 3, 4, 6, 12\}$이므로

$\{1, 2, 4\}\subset X\subset\{1, 2, 3, 4, 6, 12\}$

따라서 집합 $X$의 개수는 집합 $B=\{1, 2, 3, 4, 6, 12\}$의 부분집합 중 원소 1, 2, 4를 포함하는 부분집합의 개수와 같으므로

$2^{6-3}=2^3=8$

답 8

**유제 7-2** $x^2-3x+2=0$에서 $(x-1)(x-2)=0$

$\therefore x=1$ 또는 $x=2$

즉, $A=\{1, 2\}$

또, $B=\{1, 2, 3, \cdots, 9\}$이므로

$\{1, 2\}\subset X\subset\{1, 2, 3, \cdots, 9\}$, $X\neq\{1, 2\}$,

$X\neq\{1, 2, 3, \cdots, 9\}$

따라서 집합 $X$의 개수는 집합 $B$의 부분집합 중 원소 1, 2를 포함하는 부분집합의 개수에서 두 집합 $A$, $B$의 2개를 뺀 것과 같으므로

$2^{9-2}-2=2^7-2=126$

답 126

## 핵심 개념 & 공식 리뷰

본문 ☞ 10쪽

**01** (1) × (2) ○ (3) ○ (4) ○ (5) ○ (6) × (7) × (8) ○ (9) ×

**02** (1) ○ (2) × (3) × (4) ○

**03** (1) $\in$ (2) $\in$ (3) $\notin$ (4) $\notin$ (5) $\in$ (6) $\notin$

**04** (1) 0 (2) 1 (3) 1

**05** (1) 8 (2) 4 (3) 64 (4) 1024

**06** (1) 64 (2) 63 (3) 32 (4) 16 (5) 16 (6) 4

**05** (1) $A=\{a, b, c\}$이므로 부분집합의 개수는 $2^3=8$

(2) $B=\{x|x^2-4x-12=0\}$

$=\{x|(x+2)(x-6)=0\}$

$=\{-2, 6\}$

이므로 부분집합의 개수는 $2^2=4$

(3) $C=\{x|x$는 12의 양의 약수$\}=\{1, 2, 3, 4, 6, 12\}$

이므로 부분집합의 개수는 $2^6=64$

(4) $D=\{x|0<x\leq 50, x$는 5의 배수$\}$

$=\{5, 10, 15, \cdots, 50\}$

이므로 부분집합의 개수는 $2^{10}=1024$

**06** 집합 $A=\{x|x$는 17 미만의 소수$\}=\{2, 3, 5, 7, 11, 13\}$이다.

(1) $2^6=64$

(2) $2^6-1=64-1=63$

(3) $2^{6-1}=2^5=32$

(4) $2^{6-2}=2^4=16$

(5) $2^{6-1-1}=2^4=16$

(6) $2^{6-3-1}=2^2=4$

## 빈출 문제로 실전 연습

본문 ☞ 11~12쪽

**01** ③ **02** ④ **03** ⑤ **04** ② **05** ④ **06** ③
**07** ② **08** ⑤ **09** 8 **10** 16 **11** ② **12** ④
**13** 32

**01** ㄱ, ㄴ. '가까운', '잘하는'은 기준이 명확하지 않으므로 집합이 아니다.

따라서 집합인 것은 ㄷ, ㄹ의 2개이다. 답 ③

**02** $A=\{1, 3, 9\}$이므로 $x\in A$, $y\in A$에 대하여 $xy$의 값을 구하면 오른쪽 표와 같다.

| $x$ \ $y$ | 1 | 3 | 9 |
|---|---|---|---|
| 1 | 1 | 3 | 9 |
| 3 | 3 | 9 | 27 |
| 9 | 9 | 27 | 81 |

$\therefore B=\{1, 3, 9, 27, 81\}$

따라서 집합 $B$의 모든 원소의 합은

$1+3+9+27+81=121$ 답 ④

**03** ① 원소가 0의 1개이므로 공집합이 아니다.

② 원소가 $\varnothing$의 1개이므로 공집합이 아니다.

③ 원소가 1의 1개이므로 공집합이 아니다.

④ 원소가 2의 1개이므로 공집합이 아니다.

⑤ 조건을 만족시키는 원소가 없으므로 공집합이다.

따라서 공집합인 것은 ⑤이다. 답 ⑤

**04** $A=\{2, 4, 6, 8, 10\}$이므로 $n(A)=5$

$x^2\leq 4x$에서 $x^2-4x\leq 0$

$x(x-4)\leq 0$ $\therefore 0\leq x\leq 4$

즉, $B=\{0, 1, 2, 3, 4\}$이므로 $n(B)=5$

또, $x^2-4=0$에서 $x=-2$ 또는 $x=2$

이때 $x>0$이므로 $x=2$

즉, $C=\{2\}$이므로 $n(C)=1$

$\therefore n(A)+n(B)+n(C)=5+5+1=11$ 답 ②

**05** ④ $\{0, \varnothing\}\subset A$ 답 ④

**06** $A\subset B$가 되려면 $1\in B$이어야 하므로 $a^2=1$

$\therefore a=-1$ 또는 $a=1$

(i) $a=-1$일 때

$A=\{0, 1\}$, $B=\{-1, 1, 2\}$이므로 $A\not\subset B$

(ii) $a=1$일 때

$A=\{1, 2\}$, $B=\{-1, 1, 2\}$이므로 $A\subset B$

(i), (ii)에 의하여 $a=1$ 답 ③

**07** $A=B$가 되려면 $-2\in A$이어야 하므로

$a=-2$ 또는 $a-1=-2$

(i) $a=-2$일 때

$A=\{-3, -2\}$, $B=\{-2, 2\}$이므로 $A\neq B$

(ii) $a-1=-2$, 즉 $a=-1$일 때

$A=\{-2, -1\}$, $B=\{-2, -1\}$이므로 $A=B$

(i), (ii)에 의하여 $a=-1$ 답 ②

**08** $A=\{1, 2, 3, 6, 9, 18\}$이므로 $n(A)=6$

따라서 집합 $A$의 진부분집합의 개수는

$2^6-1=63$ 답 ⑤

**09** $x^2+9\leq 10x$에서 $x^2-10x+9\leq 0$

$(x-1)(x-9)\leq 0$ $\therefore 1\leq x\leq 9$

따라서 $A=\{1, 2, 3, 4, 5, 6, 7, 8, 9\}$이므로 집합 $A$의 원소 중 소수인 2, 3, 5, 7은 모두 포함하고 4의 배수인 4, 8은 포함하지 않는 집합 $A$의 부분집합의 개수는

$2^{9-4-2}=2^3=8$ 답 8

**10** $A=\{1, 2, 3, \cdots, k\}$이므로 $n(A)=k$

$2^k=32=2^5$에서 $k=5$이므로 $A=\{1, 2, 3, 4, 5\}$

따라서 집합 $A$의 부분집합 중 원소 5를 포함하는 부분집합의 개수는 $2^{5-1}=2^4=16$ 답 16

**11** 이차방정식 $x^2+ax+b=0$의 두 근이 $a$, $b$이어야 하므로 이차방정식의 근과 계수의 관계에 의하여

$a+b=-a$ …… ㉠, $ab=b$ …… ㉡

㉡에서 $ab-b=0$, $b(a-1)=0$

$\therefore b=0$ 또는 $a=1$

(i) $b=0$일 때

㉠에서 $a+0=-a$이므로 $a=0$

이때 $a=b=0$이므로 $a\neq b$인 조건을 만족시키지 않는다.

(ii) $a=1$일 때

㉠에서 $1+b=-1$이므로 $b=-2$

(i), (ii)에 의하여 $a=1$, $b=-2$

$\therefore a+b=-1$ 답 ②

다른 풀이 이차방정식 $x^2+ax+b=0$의 두 근이 $a$, $b$이므로 $x^2+ax+b=0$에

$x=a$를 대입하면 $a^2+a^2+b=0$ $\therefore b=-2a^2$ …… ㉠

$x=b$를 대입하면 $b^2+ab+b=0$ …… ㉡

㉠을 ㉡에 대입하면

$4a^4-2a^3-2a^2=0$, $2a^2(2a+1)(a-1)=0$

$\therefore a=0$ 또는 $a=-\frac{1}{2}$ 또는 $a=1$

$\therefore a=0$, $b=0$ 또는 $a=-\frac{1}{2}$, $b=-\frac{1}{2}$ 또는 $a=1$, $b=-2$

이때 $a\neq b$이므로 $a=1$, $b=-2$ $\therefore a+b=-1$

Core 특강

**이차방정식의 근과 계수의 관계**

이차방정식 $ax^2+bx+c=0$의 두 근을 $\alpha$, $\beta$라 할 때

① $\alpha+\beta=-\frac{b}{a}$ ② $\alpha\beta=\frac{c}{a}$

**12** ㄱ. $8^1=\underline{8}$, $8^2=6\underline{4}$, $8^3=51\underline{2}$, $8^4=409\underline{6}$, $8^5=3276\underline{8}$, …이므로

$A(8)=\{2, 4, 6, 8\}$

$\therefore 2\in A(8)$ (참)

ㄴ. $3^1=\underline{3}$, $3^2=\underline{9}$, $3^3=2\underline{7}$, $3^4=8\underline{1}$, $3^5=24\underline{3}$, …이므로

$A(3)=\{1, 3, 7, 9\}$

$7^1=\underline{7}$, $7^2=4\underline{9}$, $7^3=34\underline{3}$, $7^4=240\underline{1}$, $7^5=1680\underline{7}$, …이므로

$A(7)=\{1, 3, 7, 9\}$

$\therefore A(3)=A(7)$ (참)

ㄷ. $A(1)=\{1\}$, $A(5)=\{5\}$, $A(6)=\{6\}$, $A(10)=\{0\}$이므로 $n(A(k))=1$을 만족시키는 자연수 $k$는 1, 5, 6, 10의 4개이다. (거짓)

따라서 옳은 것은 ㄱ, ㄴ이다. 답 ④

참고 한 수의 일의 자리의 숫자만 거듭제곱하여 $A(k)$를 구할 수도 있다. 즉, ㄱ에서

$8\times8=6\underline{4}\rightarrow 4$, $4\times8=3\underline{2}\rightarrow 2$, $2\times8=1\underline{6}\rightarrow 6$, $6\times8=4\underline{8}\rightarrow 8$, $8\times8=6\underline{4}\rightarrow 4$, …이므로 $A(8)=\{2, 4, 6, 8\}$임을 알 수 있다.

**13** $A=\{1, 2, 3, 4, 5, 6, 7, 8, 9, 10\}$

조건 (가)에서 집합 $X$의 모든 원소의 합이 짝수이므로 집합 $X$는 홀수를 포함하지 않거나 짝수 개의 홀수를 포함해야 한다.

조건 (나)에서 집합 $X$의 원소 중 가장 큰 수가 7이므로 집합 $X$는 7은 포함하고 8, 9, 10은 포함하지 않아야 한다.

(i) 집합 $X$가 홀수 2개를 포함하는 경우

집합 $X$의 개수는 집합 $\{1, 2, 3, 4, 5, 6, 7\}$의 부분집합 중 원소 7을 포함하고 홀수인 원소 1, 3, 5 중 하나만 포함하는 부분집합의 개수와 같으므로

$3\times2^{7-1-1-2}=3\times2^3=24$

(ii) 집합 $X$가 홀수 4개를 포함하는 경우

집합 $X$의 개수는 집합 $\{1, 2, 3, 4, 5, 6, 7\}$의 부분집합 중 홀수인 원소 1, 3, 5, 7을 포함하는 부분집합의 개수와 같으므로

$2^{7-4}=2^3=8$

(i), (ii)에 의하여 구하는 집합 $X$의 개수는

$24+8=32$ 답 32

참고 (i)에서 집합 $X$가 홀수인 원소 1, 7을 포함하고 3, 5를 포함하지 않는 경우, 집합 $X$의 개수는

$2^{7-2-2}=2^3=8$

집합 $X$가 홀수인 원소 3, 7을 포함하고 1, 5를 포함하지 않는 경우와 5, 7을 포함하고 1, 3을 포함하지 않는 경우의 집합 $X$의 개수도 8이므로 (i)의 경우의 집합 $X$의 개수는

$3\times8=24$

I. 집합과 명제

# 02강 집합의 연산

## 교과서 필수 개념 1 교집합과 합집합

본문 ☞ 13쪽

대표예제 1 벤다이어그램을 그려

$A\cap B=\{1, 2\}$,

$A=\{1, 2, 3, 6\}$,

$A\cup B=\{1, 2, 3, 4, 6, 8\}$

의 순으로 원소를 채워 넣으면 오른쪽 그림과 같다.

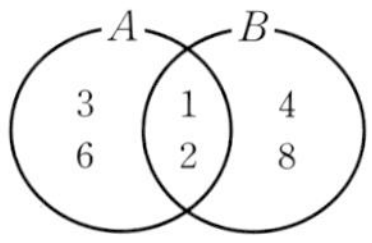


$\therefore B=\{1, 2, 4, 8\}$ 답 $B=\{1, 2, 4, 8\}$

Core 특강

**두 집합을 벤다이어그램으로 나타내기**

두 집합을 벤다이어그램으로 나타낼 때는 교집합부터 채우는 것이 편리하다.

유제 1-1 벤다이어그램을 그려
$A\cap B=\{1, 2, 5\}$,
$B=\{1, 2, 5, 10\}$,
$A\cup B=\{1, 2, 3, 4, 5, 10\}$
의 순으로 원소를 채워 넣으면 오른쪽 그림과 같다.

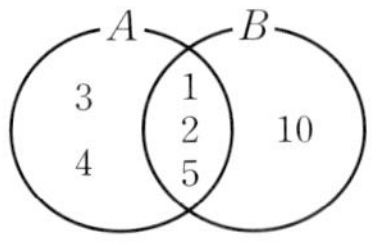


$\therefore A=\{1, 2, 3, 4, 5\}$ 답 $A=\{1, 2, 3, 4, 5\}$

유제 1-2 (1) $A=\{2, 3, 5, 7\}$, $B=\{2, 4, 6, 8, \cdots\}$이므로
$A\cap B=\{2\}$
따라서 $A\cap B\neq\varnothing$이므로 두 집합 $A$, $B$는 서로소가 아니다.
(2) $x^2+2x=0$에서 $x(x+2)=0$ $\quad\therefore x=-2$ 또는 $x=0$
$\therefore A=\{-2, 0\}$
또, $(x+3)(x-2)=0$에서 $x=-3$ 또는 $x=2$
$\therefore B=\{-3, 2\}$
따라서 $A\cap B=\varnothing$이므로 두 집합 $A$, $B$는 서로소이다.
답 (1) 서로소가 아니다. (2) 서로소이다.

대표예제 ② $A=\{1, 3, 5, 15\}$이므로 $A\cap B=\{1, 5\}$가 되려면 $n$은 30보다 작은 5의 양의 배수 중 3을 약수로 갖지 않는 수이어야 한다.
$\therefore n=5$ 또는 $n=10$ 또는 $n=20$ 또는 $n=25$
따라서 모든 자연수 $n$의 값의 합은
$5+10+20+25=60$ 답 60

유제 2-1 5가 집합 $A\cup B$의 원소이므로 $a=5$ 또는 $a+1=5$
(i) $a=5$일 때
$A=\{1, 3, 5\}$, $B=\{2, 3, 4, 6\}$
그런데 $A\cup B=\{1, 2, 3, 4, 5, 6\}$이므로 주어진 조건에 맞지 않는다.
(ii) $a+1=5$, 즉 $a=4$일 때
$A=\{1, 3, 4\}$, $B=\{2, 3, 4, 5\}$
즉, $A\cup B=\{1, 2, 3, 4, 5\}$이므로 주어진 조건에 맞는다.
(i), (ii)에 의하여 $a=4$이고, 이때 $A\cap B=\{3, 4\}$이므로 집합 $A\cap B$의 모든 원소의 합은 $3+4=7$ 답 7

## 교과서 필수 개념 2 여집합과 차집합

본문 ☞ 14쪽

대표예제 ③ 벤다이어그램을 그려
$A\cap B=\{1, 3\}$,
$A\cap B^C=\{5\}$,
$A\cup B=\{1, 3, 5, 7, 9\}$,
$U=\{1, 3, 5, 7, 9, 11, 13\}$
의 순으로 원소를 채워 넣으면 오른쪽 그림과 같다.

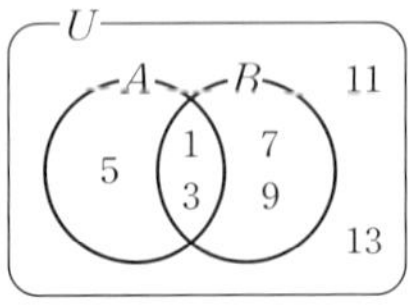


$\therefore B=\{1, 3, 7, 9\}$ 답 $B=\{1, 3, 7, 9\}$

유제 3-1 오른쪽 그림에서 $U=\{1, 2, 3, 4, 5, 6\}$이므로 전체집합 $U$의 모든 원소의 합은
$1+2+3+4+5+6=21$ 답 21
참고 $U=A\cup A^C=\{1, 2, 3, 4, 5, 6\}$

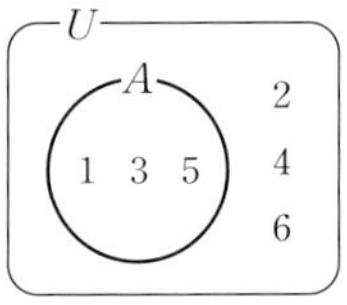


유제 3-2 벤다이어그램을 그려
$A\cap B=\{a\}$,
$B\cap A^C=\{b, c\}$,
$(A\cup B)^C=\{d\}$,
$U=\{a, b, c, d, e\}$
의 순으로 원소를 채워 넣으면 오른쪽 그림과 같다.

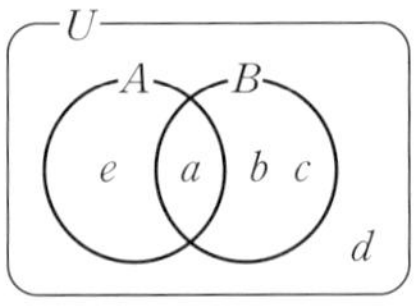


$\therefore A=\{a, e\}$ 답 $A=\{a, e\}$

대표예제 ④ $A^C=\{1, 5\}$이므로 $A-B=\{2, 4\}$, $B-A^C=\{3\}$
$\therefore n(A-B)+n(B-A^C)=2+1=3$ 답 3

유제 4-1 $A=\{2, 4, 6, 8, 10\}$, $B=\{4, 8\}$이므로
$A-B=\{2, 6, 10\}$
$\therefore n(A-B)=3$ 답 3

유제 4-2 $A-B=\{-1\}$이므로 $-1\in A$, $5\in B$
$\therefore a-b=-1$, $a+b=5$
위의 두 식을 연립하여 풀면
$a=2$, $b=3$ $\quad\therefore ab=6$ 답 6

## 교과서 필수 개념 3 집합의 연산에 대한 성질

본문 ☞ 15쪽

대표예제 ⑤ ⑤ 집합 $A$가 집합 $B$의 진부분집합이면
$A\cup B^C\neq U$ 답 ⑤

**Core 특강**

**$A\subset B$와 같은 표현**
전체집합 $U$의 두 부분집합 $A$, $B$에 대하여 다음은 $A\subset B$와 같은 표현이다.
① $A\cup B=B$ ② $A\cap B=A$ ③ $A-B=\varnothing$
④ $A\cap B^C=\varnothing$ ⑤ $B^C\subset A^C$ ⑥ $B^C-A^C=\varnothing$

유제 5-1 $A-B=A\cap B^C$
$=B^C\cap(A^C)^C$
$=B^C-A^C$
$=(A\cup B)-B$
따라서 나머지 넷과 다른 하나는 ③ $A^C\cup B$이다. 답 ③
다른 풀이 ①~⑤를 벤다이어그램으로 나타내면 다음과 같다.
①, ②, ④, ⑤

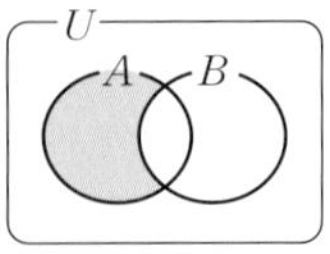


③

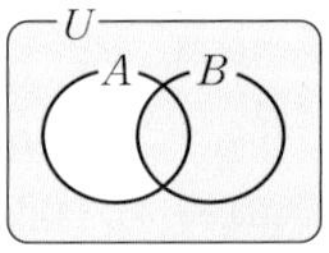

## 교과서 필수 개념 4 집합의 연산 법칙

본문 ☞ 15쪽

대표예제 ⑥ 드모르간의 법칙에 의하여
$(A^C\cap B)^C=(A^C)^C\cup B^C=A\cup B^C$

답 ④

유제 6-1 $A\cup(B\cap C)=(A\cup B)\cap(A\cup C)=\{2, 6\}$
따라서 집합 $A\cup(B\cap C)$의 모든 원소의 합은
$2+6=8$

답 8

## 교과서 필수 개념 5 유한집합의 원소의 개수

본문 ☞ 16쪽

대표예제 ⑦ $n(A\cup B)=n(A)+n(B)-n(A\cap B)$에서
$12=10+7-n(A\cap B)$
$\therefore n(A\cap B)=5$

답 5

유제 7-1 $n(A\cap B)=0$이므로 $n(A\cup B)=n(A)+n(B)$에서
$10=n(A)+6 \quad \therefore n(A)=4$

답 4

유제 7-2 교육 봉사를 하는 회원의 집합을 $A$, 벽화 그리기 봉사를 하는 회원의 집합을 $B$라 하면
$n(A)=25$, $n(B)=18$, $n(A\cap B)=12$
이때 교육 봉사 또는 벽화 그리기 봉사를 하는 회원의 집합은 $A\cup B$이므로
$n(A\cup B)=n(A)+n(B)-n(A\cap B)$
$=25+18-12=31$
따라서 구하는 회원 수는 31이다.

답 31

대표예제 ⑧ $n(A^C\cap B^C)=n((A\cup B)^C)$이므로
$n(A\cup B)=n(U)-n((A\cup B)^C)$
$=60-10=50$
이때 $n(A\cup B)=n(A)+n(B)-n(A\cap B)$이므로
$50=30+n(B)-15$
$\therefore n(B)=35$

답 35

유제 8-1 $n(A\cap B)=0$이므로
$n(A\cup B)=n(A)+n(B)$
두 집합 $A$, $B$가 서로소이면 $B-A=B$이므로
$n(B-A)=n(B)=n(A\cup B)-n(A)$
$=19-7=12$

답 12

유제 8-2 조사를 한 등산객의 집합을 $U$, 모자를 쓴 등산객의 집합을 $A$, 선글라스를 쓴 등산객의 집합을 $B$라 하면
$n(U)=50$, $n(B)=27$, $n(A^C\cap B^C)=5$
$n((A\cup B)^C)=n(A^C\cap B^C)=5$이므로
$n(A\cup B)=n(U)-n((A\cup B)^C)$
$=50-5=45$
이때 모자만 쓴 등산객의 집합은 $A-B$이므로
$n(A-B)=n(A\cup B)-n(B)=45-27=18$
따라서 구하는 등산객 수는 18이다.

답 18

## 핵심 개념 & 공식 리뷰

본문 ☞ 17쪽

**01** (1) × (2) ○ (3) ○ (4) × (5) × (6) ○ (7) ○ (8) ×
**02** (1) $\{2, 6, 7\}$ (2) $\{1, 2, 3, 4, 6, 7\}$ (3) $\{4, 5\}$
(4) $\{1, 3\}$ (5) $\{1, 3, 4, 5\}$ (6) $\{5\}$
**03** (1) 서로소가 아니다. (2) 서로소이다.
(3) 서로소이다. (4) 서로소가 아니다.
**04** (1) $\varnothing$ (2) $U$ (3) $\varnothing$ (4) $A\cap B$
**05** (1) 15 (2) 12 (3) 6 (4) 16

**03** (1) $A=\{x\mid x^2-4=0\}=\{x\mid (x+2)(x-2)=0\}=\{-2, 2\}$,
$B=\{x\mid x^2-4x+3\le 0\}=\{x\mid (x-1)(x-3)\le 0\}$
$=\{1\le x\le 3\}$
$\therefore A\cap B=\{2\}$
따라서 $A\cap B\ne\varnothing$이므로 두 집합 $A$, $B$는 서로소가 아니다.
(2) $A=\{x\mid x$는 $x\le 5$인 정수$\}=\{\cdots, 3, 4, 5\}$,
$B=\{x\mid x$는 $x\ge 6$인 정수$\}=\{6, 7, 8, \cdots\}$
따라서 $A\cap B=\varnothing$이므로 두 집합 $A$, $B$는 서로소이다.
(3) $A=\{x\mid x$는 20보다 작은 6의 배수$\}=\{6, 12, 18\}$,
$B=\{x\mid x$는 20보다 작은 소수$\}$
$=\{2, 3, 5, 7, 11, 13, 17, 19\}$
따라서 $A\cap B=\varnothing$이므로 두 집합 $A$, $B$는 서로소이다.
(4) $A=\{x\mid x$는 18의 양의 약수$\}=\{1, 2, 3, 6, 9, 18\}$,
$B=\{x\mid x$는 10 미만의 소수$\}=\{2, 3, 5, 7\}$
$\therefore A\cap B=\{2, 3\}$
따라서 $A\cap B\ne\varnothing$이므로 두 집합 $A$, $B$는 서로소가 아니다.

**04** (1) $A\cap(A\cup B)^C=A\cap(A^C\cap B^C)=(A\cap A^C)\cap B^C$
$=\varnothing\cap B^C=\varnothing$
(2) $(A\cap B)\cup(A^C\cup B^C)=(A\cap B)\cup(A\cap B)^C=U$
(3) $(A\cup B)\cap(A^C\cap B^C)=(A\cup B)\cap(A\cup B)^C=\varnothing$
(4) $(B-A)^C\cap B=(B\cap A^C)^C\cap B=(B^C\cup A)\cap B$
$=(B^C\cap B)\cup(A\cap B)$
$=\varnothing\cup(A\cap B)=A\cap B$

**05** (1) 집합 $A$와 집합 $B$가 서로소이므로 $A\cap B=\varnothing$, 즉
$n(A\cap B)=0$
$n(A)=10$, $n(B-A)=n(B-(A\cap B))=n(B)=5$
$\therefore n(A\cup B)=n(A)+n(B)-n(A\cap B)$
$=10+5-0=15$

(2) $n(B-A)=n(B)-n(A\cap B)=5$, $n(A\cup B)=17$이므로 $n(A\cup B)=n(A)+n(B)-n(A\cap B)$에서
$17=n(A)+5$
$\therefore n(A)=12$

(3) $n((A\cap B)^C)=n(U)-n(A\cap B)$이므로
$15=30-n(A\cap B)$
$\therefore n(A\cap B)=15$
$n(A^C)=n(U)-n(A)$이므로
$9=30-n(A)$
$\therefore n(A)=21$
$\therefore n(A-B)=n(A)-n(A\cap B)=21-15=6$

(4) 두 집합 $A$와 $B$가 서로소이므로
$A\cap B=\varnothing$, $A\cap B\cap C=\varnothing$
즉, $n(A\cap B)=0$, $n(A\cap B\cap C)=0$
$n(A\cup C)=n(A)+n(C)-n(A\cap C)$에서
$14=7+9-n(A\cap C)$
$\therefore n(A\cap C)=2$
$n(B\cup C)=n(B)+n(C)-n(B\cap C)$에서
$11=3+9-n(B\cap C)$
$\therefore n(B\cap C)=1$

$$\begin{aligned}n(A\cup B\cup C)&=n(A)+n(B)+n(C)\\&\quad-n(A\cap B)-n(B\cap C)-n(C\cap A)\\&\quad+n(A\cap B\cap C)\\&=7+3+9-0-1-2+0\\&=16\end{aligned}$$

## 빈출 문제로 실전 연습

본문 ☞ 18~19쪽

**01** ③ **02** 6 **03** ② **04** 3 **05** ⑤ **06** 16
**07** ④ **08** ① **09** ② **10** 10 **11** 6 **12** ⑤
**13** ④

**01** 집합 $B$는 집합 $A\cup B$의 부분집합 중 원소 4, 5를 포함하는 부분집합이어야 한다.
따라서 집합 $B$의 개수는 $2^{5-2}=2^3=8$

답 ③

**02** 벤다이어그램을 그려
$A\cap B=\{1, 3\}$,
$A=\{1, 3, 6\}$,
$A\cup B=\{1, 3, 4, 6, 7, 9\}$
의 순으로 원소를 채워 넣으면 오른쪽 그림과 같다.

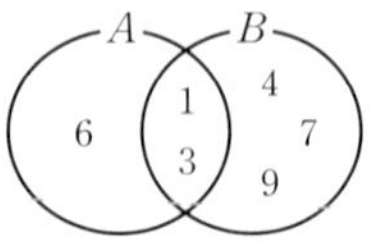


따라서 $B=\{1, 3, 4, 7, 9\}$이므로
$a=1$, $b=7$ ($\because a<b$)
$\therefore b-a=6$

답 6

**03** 집합 $A=\{3, 6, 9, 12, 15\}$의 부분집합 중 집합 $\{6, 9\}$와 서로소인 집합은 집합 $A$의 부분집합 중 원소 6, 9를 포함하지 않는 부분집합이다.
따라서 구하는 집합의 개수는
$2^{5-2}=2^3=8$

답 ②

**04** $A\cap B=A-(A-B)$
$=\{1, 2, 4, 8, 16\}-\{1, 16\}$
$=\{2, 4, 8\}$
$\therefore n(A\cap B)=3$

답 3

**05** $(A\cap B)\cup\{(A-B)\cup(B-A)\}=A\cup B$이므로
$A\cup B=\{1, 5\}\cup\{2, 3, 8\}$
$=\{1, 2, 3, 5, 8\}$
따라서 집합 $A\cup B$의 모든 원소의 합은
$1+2+3+5+8=19$

답 ⑤

참고 다음 벤다이어그램에서
$(A\cap B)\cup\{(A-B)\cup(B-A)\}=A\cup B$임을 알 수 있다.

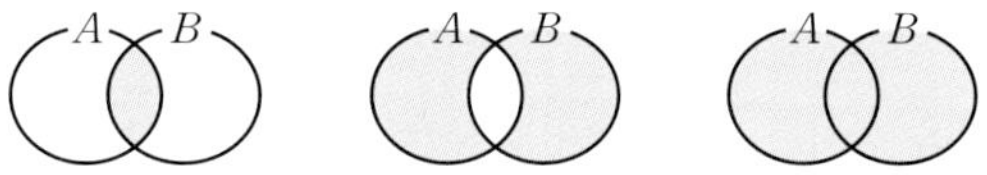


$(A\cap B)$ $\cup$ $\{(A-B)\cup(B-A)\}$ $=$ $A\cup B$

**06** 조건 (가)의 $A\cap X=X$에서 $X\subset A$
조건 (나)의 $B-X=\varnothing$에서 $B\subset X$
즉, $B\subset X\subset A$이므로 집합 $X$는 집합 $A$의 부분집합 중 원소 2, 4를 포함하는 부분집합이다.
따라서 집합 $X$의 개수는
$2^{6-2}=2^4=16$

답 16

**07** ④ $A-B=A\cap B^C$

답 ④

**08** $(A\cap B)\cup(A\cap B^C)=A\cap(B\cup B^C)$
$=A\cap U=A$
이므로 $A=A\cap B$
$\therefore A\subset B$

답 ①

참고 ④ $A\cup B=A$이면 $B\subset A$
⑤ $B-A=\varnothing$이면 $B\subset A$

**09** $n(A\cup B)=n(A)+n(B)-n(A\cap B)$에서
$24=n(A)+\{n(A)+5\}-\{n(A)-3\}$
$\therefore n(A)=16$

답 ②

**10** 반 전체 학생의 집합을 $U$, 안경을 낀 학생의 집합을 $A$, 남학생의 집합을 $B$라 하면
$n(U)=30$, $n(A)=12$, $n(B)=14$, $n(A\cap B)=6$
$n(A\cup B)=n(A)+n(B)-n(A\cap B)$에서
$n(A\cup B)=12+14-6=20$

안경을 끼지 않은 여학생의 집합은 $A^C \cap B^C$이므로

$n(A^C \cap B^C) = n((A \cup B)^C)$

$= n(U) - n(A \cup B)$

$= 30 - 20 = 10$

따라서 안경을 끼지 않은 여학생 수는 10이다. 답 10

**11** 집합 $A$에서 $x^2-10x+21 \le 0$

$(x-3)(x-7) \le 0 \quad \therefore 3 \le x \le 7$

$\therefore A = \{x \mid 3 \le x \le 7\}$

주어진 조건을 만족시키도록 집합 $B$를 수직선 위에 나타내면 오른쪽 그림과 같다.

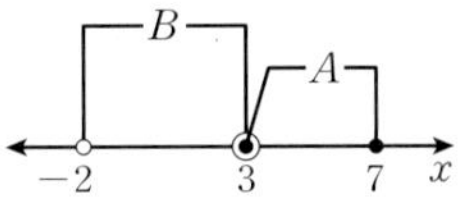


$\therefore B = \{x \mid -2 < x < 3\}$

즉, 부등식 $x^2+ax+b<0$의 해가 $-2<x<3$이므로 이차방정식 $x^2+ax+b=0$의 해가 $x=-2$ 또는 $x=3$이다.

이차방정식의 근과 계수의 관계에 의하여

$-2+3=-a, \ -2 \times 3 = b$

$\therefore a=-1, \ b=-6$

$\therefore ab=6$ 답 6

**12** ① $A \triangle U = (A \cap U) \cup (A \cup U)^C = A \cup U^C$

$= A \cup \varnothing = A$

② $A \triangle B = (A \cap B) \cup (A \cup B)^C$

$= (B \cap A) \cup (B \cup A)^C$

$= B \triangle A$

③ $A \triangle \varnothing = (A \cap \varnothing) \cup (A \cup \varnothing)^C = \varnothing \cup A^C$

$= A^C$

④ $A^C \triangle B^C = (A^C \cap B^C) \cup (A^C \cup B^C)^C$

$= (A \cup B)^C \cup (A \cap B)$

$= (A \cap B) \cup (A \cup B)^C$

$= A \triangle B$

⑤ $A \triangle A^C = (A \cap A^C) \cup (A \cup A^C)^C$

$= \varnothing \cup U^C = \varnothing \cup \varnothing = \varnothing$

따라서 옳지 않은 것은 ⑤이다. 답 ⑤

**13** 조사를 한 100명의 학생의 집합을 $U$, 독서 토론 대회에 참가 신청을 한 학생의 집합을 $A$, 영어 말하기 대회에 참가 신청을 한 학생의 집합을 $B$라 하면

$n(U)=100, \ n(A)=60, \ n(B)=72$

$n(A \cup B) = n(A) + n(B) - n(A \cap B)$에서

$n(A \cup B) = 60 + 72 - n(A \cap B) = 132 - n(A \cap B)$

$n(B) \le n(A \cup B) \le n(U)$이므로

$72 \le n(A \cup B) \le 100, \ 72 \le 132 - n(A \cap B) \le 100$

$\therefore 32 \le n(A \cap B) \le 60$

따라서 두 대회 모두 참가 신청을 한 학생 수의 최솟값은 32이다. 답 ④



# 03강 명제 (1)

## 교과서 필수 개념 1 명제와 조건

본문 ☞ 20쪽

**대표예제 ①** $x^2+x-6<0$에서 $(x+3)(x-2)<0$

$\therefore -3<x<2$

즉, 정수 $x$는 $-2, -1, 0, 1$이므로 조건 $p$의 진리집합은

$\{-2, -1, 0, 1\}$ 답 $\{-2, -1, 0, 1\}$

**유제 1-1** 짝수의 제곱은 짝수, 홀수의 제곱은 홀수이므로 $(x+1)^2$이 짝수이려면 $x+1$이 짝수이어야 한다. 즉, $x$는 홀수이어야 하므로 조건 $p$의 진리집합은

$\{1, 3, 5\}$ 답 $\{1, 3, 5\}$

**대표예제 ②** (3) '$-2<x\le 1$'은 '$x>-2$이고 $x \le 1$'이다.

따라서 주어진 조건의 부정은

$x \le -2$ 또는 $x>1$

답 (1) 4는 2의 배수가 아니다.

(2) $x \ne -2$이고 $x \ne 3$

(3) $x \le -2$ 또는 $x>1$

(4) $a$, $b$ 중 적어도 하나는 실수이다.

**유제 2-1** 두 조건 $p$, $q$의 진리집합을 각각 $P$, $Q$라 하면

$P=\{x \mid x>4\}, \ Q=\{x \mid x \le -5\}$

조건 '$\sim p$ 또는 $q$'의 진리집합은

$P^C \cup Q$

이때 $P^C = \{x \mid x \le 4\}$이므로 두 집합 $P^C$, $Q$를 수직선 위에 나타내면 오른쪽 그림과 같다.

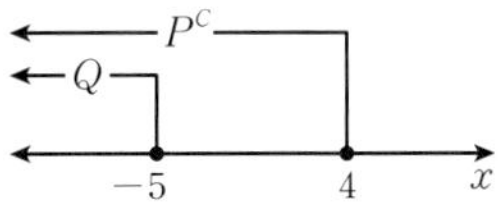


따라서 $P^C \cup Q = \{x \mid x \le 4\}$이므로

$a=4$ 답 4

## 교과서 필수 개념 2 명제 $p \longrightarrow q$의 참, 거짓

본문 ☞ 21쪽

**대표예제 ③** 주어진 명제의 가정 $p$, 결론 $q$의 진리집합을 각각 $P$, $Q$라 하자.

① '$p$: $x=2$', '$q$: $x^2=4$'이므로

$P=\{2\}, \ Q=\{-2, 2\}$

따라서 $P \subset Q$이므로 명제 $p \longrightarrow q$는 참이다.

② '$p$: $\sqrt{x^2}=2$', '$q$: $x=2$'이고

$\sqrt{x^2}=2$에서 $x^2=4 \quad \therefore x=\pm 2$

$\therefore P=\{-2, 2\}, \ Q=\{2\}$

따라서 $P \not\subset Q$이므로 명제 $p \longrightarrow q$는 거짓이다.

③ '$p$: $x^2=2x$', '$q$: $x=2$'이고

$x^2=2x$에서 $x(x-2)=0 \quad \therefore x=0$ 또는 $x=2$

$\therefore P=\{0, 2\}, Q=\{2\}$

따라서 $P \not\subset Q$이므로 명제 $p \longrightarrow q$는 거짓이다.

④ '$p$: $x^2<4$', '$q$: $x<2$'이고

$x^2<4$에서 $(x+2)(x-2)<0$ $\quad \therefore -2<x<2$

$\therefore P=\{x \mid -2<x<2\}, Q=\{x \mid x<2\}$

따라서 $P \subset Q$이므로 명제 $p \longrightarrow q$는 참이다.

⑤ '$p$: $x^2=4$', '$q$: $x^3=4x$'이고

$x^2=4$에서 $x=\pm 2$

$x^3=4x$에서 $x(x+2)(x-2)=0$

$\therefore x=-2$ 또는 $x=0$ 또는 $x=2$

$\therefore P=\{-2, 2\}, Q=\{-2, 0, 2\}$

따라서 $P \subset Q$이므로 명제 $p \longrightarrow q$는 참이다.

그러므로 거짓인 명제는 ②, ③이다. **답** ②, ③

**참고** ②의 반례는 $x=-2$, ③의 반례는 $x=0$이다.

**유제 3-1** 두 조건 $p$, $q$의 진리집합을 각각 $P$, $Q$라 하자.

(1) $x^2-5x+6=0$에서 $(x-2)(x-3)=0$이므로

$x=2$ 또는 $x=3$

$\therefore P=\{2, 3\}, Q=\{2\}$

따라서 $P \not\subset Q$이므로 명제 $p \longrightarrow q$는 거짓이다.

(2) $P=\{2, 3, 5, \cdots\}, Q=\{1, 3, 5, \cdots\}$

따라서 $P \not\subset Q$이므로 명제 $p \longrightarrow q$는 거짓이다.

(3) $x^2+y^2=0$에서 $x=0$이고 $y=0$

$xy=0$에서 $x=0$ 또는 $y=0$

$\therefore P=\{(x, y) \mid x=0$이고 $y=0\}$,

$Q=\{(x, y) \mid x=0$ 또는 $y=0\}$

따라서 $P \subset Q$이므로 명제 $p \longrightarrow q$는 참이다.

**답** (1) 거짓 (2) 거짓 (3) 참

**유제 3-2** 명제 $\sim p \longrightarrow q$가 참이면 $P^C \subset Q$이므로 벤다이어그램으로 나타내면 오른쪽 그림과 같다.

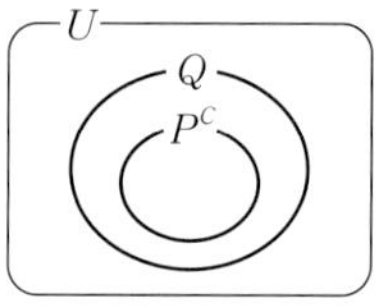


① $P \not\subset Q$ ② $Q \not\subset P$

④ $P^C \cap Q=P^C$ ⑤ $P^C \cup Q=Q$

따라서 항상 옳은 것은 ③이다. **답** ③

**대표예제 ④** $(x-1)(x-2)\le 0$에서 $1\le x\le 2$

$x^2\le a^2$에서 $(x+a)(x-a)\le 0$ $\quad \therefore -a\le x\le a$

두 조건 $p$, $q$의 진리집합을 각각 $P$, $Q$라 하면

$P=\{x \mid 1\le x\le 2\}, Q=\{x \mid -a\le x\le a\}$

명제 $p \longrightarrow q$가 참이 되려면 오른쪽 그림과 같이 $P \subset Q$이어야 한다.

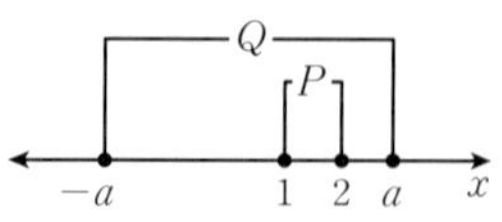


즉, $-a\le 1$이고 $a\ge 2$이므로

$a\ge -1$이고 $a\ge 2$ $\quad \therefore a\ge 2$

따라서 양수 $a$의 최솟값은 2이다. **답** 2

**유제 4-1** 주어진 명제가 참이 되려면 $x=a$가 방정식 $x(x+1)=6$의 근이어야 하므로

$a(a+1)=6$, $a^2+a-6=0$

$(a+3)(a-2)=0$

$\therefore a=-3$ 또는 $a=2$

따라서 구하는 합은 $-3+2=-1$ **답** $-1$

**참고** $a$에 대한 이차방정식 $a^2+a-6=0$은 서로 다른 두 실근을 갖고, 이차방정식의 근과 계수의 관계에 의하여 두 실근의 합은 $-1$이다.

## 교과서 필수 개념 3 '모든' 또는 '어떤'을 포함한 명제

본문 ☞ 22쪽

**대표예제 ⑤** 전체집합 $U$의 원소 $x$ 중 부등식 $x^2\ge a$를 만족시키는 원소가 하나라도 있으면 명제는 참이다.

$x=1, 2, 3, 4$일 때 $x^2$의 값은 각각

$1^2=1$, $2^2=4$, $3^2=9$, $4^2=16$

따라서 $a$의 최댓값은 16이다. **답** 16

**유제 5-1** 전체집합 $U$의 모든 원소 $x$가 주어진 부등식을 만족시켜야 한다.

$x=-4$일 때, $|x-1|=|-4-1|=5$

$x=-2$일 때, $|x-1|=|-2-1|=3$

$x=0$일 때, $|x-1|=|0-1|=1$

$x=2$일 때, $|x-1|=|2-1|=1$

$x=4$일 때, $|x-1|=|4-1|=3$

따라서 부등식 $|x-1|\ge a$가 전체집합 $U$의 모든 원소 $x$에 대하여 성립하려면 $a\le 1$이어야 하므로 $a$의 최댓값은 1이다.

**답** 1

**대표예제 ⑥** 주어진 명제의 부정은

'모든 실수 $x$에 대하여 $2x^2+3\ne 0$이다.'

이때 모든 실수 $x$에 대하여 $x^2\ge 0$이므로 $2x^2+3\ne 0$이다.

따라서 주어진 명제의 부정은 참이다.

**답** 모든 실수 $x$에 대하여 $2x^2+3\ne 0$이다., 참

**유제 6-1** 주어진 명제의 부정은

'어떤 실수 $x$, $y$에 대하여 $x^2+y^2\le 0$이다.'

$x=0$, $y=0$일 때 $x^2+y^2=0$이므로 $x^2+y^2\le 0$이다.

따라서 주어진 명제의 부정은 참이다.

**답** '어떤 실수 $x$, $y$에 대하여 $x^2+y^2\le 0$이다.', 참

## 교과서 필수 개념 4 명제의 역, 대우

본문 ☞ 23쪽

**대표예제 ⑦** 주어진 명제가 참이므로 그 대우 '$x=2$이면 $x^2+a=0$이다.'도 참이다. 따라서 $x=2$일 때

$2^2+a=0$ $\quad \therefore a=-4$ **답** $-4$

**유제 7-1** 주어진 명제가 참이므로 그 대우
'$x=-1$ 또는 $x=2$이면 $x^2+ax+b=0$이다.'도 참이다.
따라서
$x=-1$일 때, $1-a+b=0$ ...... ㉠
$x=2$일 때, $4+2a+b=0$ ...... ㉡
㉠, ㉡을 연립하여 풀면
$a=-1$, $b=-2$
$\therefore a+b=-3$ 답 $-3$

참고 이차방정식 $x^2+ax+b=0$의 두 근이 $-1$, 2이므로 이차방정식의 근과 계수의 관계에 의하여
$-a=-1+2=1$ $\therefore a=-1$
$b=-1\times2=-2$
$\therefore a+b=-3$

**유제 7-2** ①, ③, ④ 주어진 명제가 참이므로 그 대우도 참이다.
② [반례] $x=-2$이면 $x<1$이지만 $x^2=4>1$이다.
주어진 명제가 거짓이므로 그 대우도 거짓이다.
⑤ [반례] $x=0$, $y=1$이면 $xy=0$이지만 $y\neq0$이다.
주어진 명제가 거짓이므로 그 대우도 거짓이다.
따라서 대우가 거짓인 것은 ②, ⑤이다. 답 ②, ⑤

**대표예제 8** 명제 $p \longrightarrow q$가 참이면 그 대우 $\sim q \longrightarrow \sim p$도 참이다.
따라서 두 명제 $\sim q \longrightarrow \sim p$, $\sim p \longrightarrow r$가 모두 참이므로
명제 $\sim q \longrightarrow r$도 참이다. 답 ④

**유제 8-1** ㄴ. 명제 $p \longrightarrow \sim q$가 참이므로 그 대우 $q \longrightarrow \sim p$도 참이다.
ㄷ. 두 명제 $\sim r \longrightarrow p$, $p \longrightarrow \sim q$가 모두 참이므로 명제
$\sim r \longrightarrow \sim q$도 참이고, 그 대우 $q \longrightarrow r$도 참이다.
따라서 항상 참인 명제는 ㄴ, ㄷ이다. 답 ㄴ, ㄷ

## 핵심 개념 & 공식 리뷰

본문 ☞ 24쪽

**01** (1) × (2) × (3) ○ (4) ○ (5) × (6) × (7) ○ (8) ×
**02** (1) 조건 (2) 명제 (3) 명제 (4) 조건 (5) 명제
**03** (1) 주어진 명제: 참
역: $ab=0$이면 $a=0$ 또는 $b=0$이다. (참)
대우: $ab\neq0$이면 $a\neq0$이고 $b\neq0$이다. (참)
(2) 주어진 명제: 거짓
역: $x\geq1$이면 $x^2\geq1$이다. (참)
대우: $x<1$이면 $x^2<1$이다. (거짓)
**04** (1) T (2) F (3) F (4) T (5) F
**05** (1) F (2) T (3) T (4) F (5) T

**02** (1) $x=3$이면 참이고, $x\neq3$이면 거짓이다.
즉, $x$의 값에 따라 참 또는 거짓이 되므로 '$x-3=0$'은 조건이다.
(2) $1+2=3$이므로 $1+2=4$는 거짓인 명제이다.
(3) $\sqrt{5}$는 무리수이다.
즉, 참, 거짓을 판별할 수 있으므로 명제이다.
(4) $x^2\leq4x+12$, $x^2-4x-12\leq0$
$(x+2)(x-6)\leq0$
$\therefore -2\leq x\leq6$
따라서 $-2\leq x\leq6$이면 참이고, $x<-2$ 또는 $x>6$이면 거짓이다.
즉, $x$의 값에 따라 참 또는 거짓이 되므로 '$x^2\leq4x+12$'는 조건이다.
(5) $x$의 값에 관계없이 항상 $x+3>x-2$이다.
즉, 참, 거짓을 판별할 수 있으므로 '$x+3>x-2$'는 명제이다.

**04** 두 명제 $\sim p \longrightarrow \sim q$, $r \longrightarrow \sim p$가 모두 참이므로 그 대우 $q \longrightarrow p$, $p \longrightarrow \sim r$도 참이고 삼단논법에 의하여 $q \longrightarrow \sim r$도 참이다.
따라서 항상 참인 명제는 (1), (4)이다.

**05** 두 조건 $p$, $q$의 진리집합을 각각 $P$, $Q$라 하자.
명제 $\sim q \longrightarrow p$가 참이므로 $Q^C\subset P$이다.
또, 명제 $\sim q \longrightarrow p$의 대우 $\sim p \longrightarrow q$도 참이므로 $P^C\subset Q$이다.
따라서 항상 옳은 것은 (2), (3), (5)이다.

## 빈출 문제로 실전 연습

본문 ☞ 25~26쪽

**01** ③ **02** 10 **03** 1 **04** ① **05** ④ **06** 6
**07** ② **08** ④ **09** ② **10** ③ **11** 5 **12** 9
**13** ④

**01** ①, ⑤ 참인 명제이다.
②, ④ 거짓인 명제이다.
③ $x$의 값이 정해져 있지 않으므로 참, 거짓을 판별할 수 없다.
따라서 명제가 아니다. 답 ③

**02** $|x-2|\leq2$에서 $-2\leq x-2\leq2$
$\therefore 0\leq x\leq4$
즉, 정수 $x$는 0, 1, 2, 3, 4이므로 진리집합은 $\{0, 1, 2, 3, 4\}$이다.
따라서 진리집합의 모든 원소의 합은
$0+1+2+3+4=10$ 답 10

**03** 전체집합 $U=\{1, 2, 3, 4, 6, 12\}$에 대하여 두 조건 $p$, $q$의 진리집합을 각각 $P$, $Q$라 하자.
$x^2>30$에서 $x=6$ 또는 $x=12$
$\therefore P=\{6, 12\}$
$x^2-8x+12=0$에서 $(x-2)(x-6)=0$

$\therefore$ $x=2$ 또는 $x=6$

$\therefore$ $Q=\{2, 6\}$

이때 조건 '$\sim p$ 그리고 $q$'의 진리집합은 $P^C \cap Q$이므로

$P^C \cap Q = Q-P=\{2\}$

따라서 구하는 원소의 개수는 1이다. 답 1

**04** ① $x=-1$이면 $x<2$이고 $x^2<4$이므로 명제가 참이 된다.

즉, 반례가 아니다.

②, ③, ④, ⑤ $x<2$이지만 $x^2 \geq 4$이므로 명제가 거짓이다.

즉, 반례이다. 답 ①

**Core 특강**

**반례 구하기**

명제가 거짓임을 보이기 위한 반례를 찾을 때에는 가정은 만족시키지만 결론은 만족시키지 않는 예를 찾는다.

**05** ① $P \not\subset Q$이므로 명제 $p \longrightarrow q$는 거짓이다.

② $Q \not\subset R$이므로 명제 $q \longrightarrow r$는 거짓이다.

③ $R \not\subset P$이므로 명제 $r \longrightarrow p$는 거짓이다.

④ $Q \subset R^C$이므로 명제 $q \longrightarrow \sim r$는 참이다.

⑤ $P^C \not\subset R$이므로 명제 $\sim p \longrightarrow r$는 거짓이다.

따라서 항상 참인 명제는 ④이다. 답 ④

**06** 두 조건 $p$, $q$의 진리집합을 각각 $P$, $Q$라 하면

$P=\{x | k \leq x < k+1\}$

$x^2+3x-10 \leq 0$에서 $(x+5)(x-2) \leq 0$

$\therefore$ $-5 \leq x \leq 2$

즉, $Q=\{x | -5 \leq x \leq 2\}$

명제 $p \longrightarrow q$가 참이 되려면 다음 그림과 같이 $P \subset Q$이어야 한다.

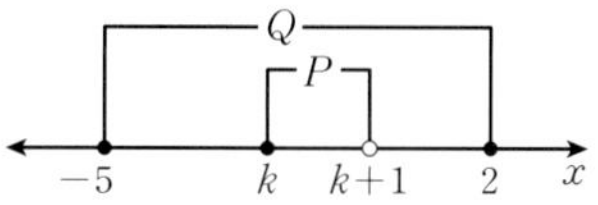


즉, $k \geq -5$이고 $k+1 \leq 2$이므로

$k \geq -5$이고 $k \leq 1$

$\therefore$ $-5 \leq k \leq 1$

따라서 $M=1$, $m=-5$이므로

$M-m=6$ 답 6

**07** 조건 '$p$: $(x+1)(x-3) \neq 0$'의 부정은

$\sim p$: $(x+1)(x-3)=0$

$(x+1)(x-3)=0$에서

$x=-1$ 또는 $x=3$

두 조건 $p$, $q$의 진리집합을 각각 $P$, $Q$라 하면

$P^C=\{-1, 3\}$, $Q=\{x | -1 \leq x \leq 3\}$

이므로

$P^C \subset Q$

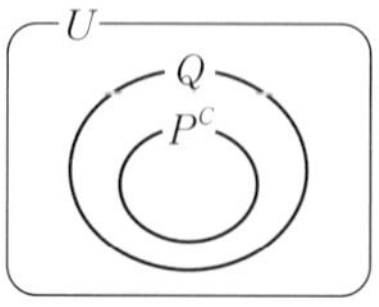


① $P \not\subset Q$이므로 명제 $p \longrightarrow q$는 거짓이다.

② $P^C \subset Q$이므로 명제 $\sim p \longrightarrow q$는 참이다.

③ $P^C \not\subset Q^C$이므로 명제 $\sim p \longrightarrow \sim q$는 거짓이다.

④ $Q \not\subset P$이므로 명제 $q \longrightarrow p$는 거짓이다.

⑤ $Q \not\subset P^C$이므로 명제 $q \longrightarrow \sim p$는 거짓이다.

따라서 참인 명제는 ②이다. 답 ②

참고 $P=\{x | x<-1$ 또는 $-1<x<3$ 또는 $x>3\}$,

$Q^C=\{x | x<-1$ 또는 $x>3\}$

**08** 주어진 명제가 참이 되어야 하므로

$n-3<1$

$\therefore$ $n<4$

따라서 자연수 $n$은 1, 2, 3이므로 구하는 합은

$1+2+3=6$ 답 ④

**09** 명제가 참이면 그 대우도 참이므로 주어진 명제와 그 역이 모두 참인 것을 찾는다.

ㄱ. 역: $x=-y$이면 $x^2-y^2=0$이다. (참)

명제: $x^2-y^2=0$이면 $x=-y$이다. (거짓)

[반례] $x=2$, $y=2$이면 $x^2-y^2=0$이지만 $x \neq -y$이다.

즉, 주어진 명제가 거짓이므로 그 대우도 거짓이다.

ㄴ. 역: $x=0$이고 $y=0$이면 $x^2+y^2=0$이다. (참)

명제: $x^2+y^2=0$이면 $x=0$이고 $y=0$이다. (참)

즉, 주어진 명제가 참이므로 그 대우도 참이다.

ㄷ. 역: $x^2>y^2$이면 $x>y$이다. (거짓)

[반례] $x=-2$, $y=1$이면 $x^2>y^2$이지만 $x<y$이다.

명제: $x>y$이면 $x^2>y^2$이다. (거짓)

[반례] $x=1$, $y=-2$이면 $x>y$이지만 $x^2<y^2$이다.

즉, 주어진 명제가 거짓이므로 그 대우도 거짓이다.

따라서 주어진 명제의 역과 대우가 모두 참인 것은 ㄴ뿐이다.

답 ②

**10** 주어진 명제가 참이므로 그 대우

'$a \leq x \leq a+1$이면 $x^2-4x-12<0$이다.'

도 참이다.

$x^2-4x-12<0$에서 $(x+2)(x-6)<0$

$\therefore$ $-2<x<6$

따라서 주어진 명제의 대우가 참이려면 다음 그림과 같이

$\{x | a \leq x \leq a+1\} \subset \{x | -2<x<6\}$

이어야 한다.

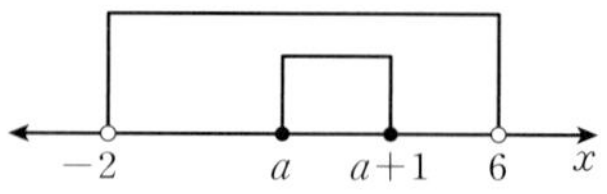


즉, $a>-2$이고 $a+1<6$이므로

$a>-2$이고 $a<5$

$\therefore$ $-2<a<5$

따라서 정수 $a$는 $-1$, 0, 1, 2, 3, 4의 6개이다. 답 ③

**11** 조건 '$p$: $x^2-2x-15\ge 0$'의 부정은

$\sim p$: $x^2-2x-15<0$

$x^2-2x-15<0$에서 $(x+3)(x-5)<0$

$\therefore -3<x<5$

$|x-2|\le a$에서 $-a\le x-2\le a$

$\therefore 2-a\le x\le 2+a$

두 조건 $p$, $q$의 진리집합을 각각 $P$, $Q$라 하면

$P^C=\{x|-3<x<5\}$, $Q=\{x|2-a\le x\le 2+a\}$

명제 $\sim p\longrightarrow q$가 참이 되려면 다음 그림과 같이 $P^C\subset Q$이어야 한다.

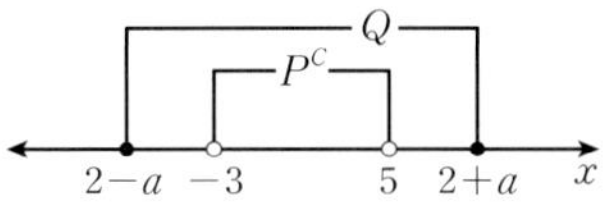


즉, $2-a\le -3$이고 $2+a\ge 5$이므로

$a\ge 5$이고 $a\ge 3$

$\therefore a\ge 5$

따라서 양수 $a$의 최솟값은 5이다. **답** 5

**12** 주어진 명제의 부정은

'모든 실수 $x$에 대하여 $x^2-6x+k\ge 0$이다.'

이다.

모든 실수 $x$에 대하여 이차부등식 $x^2-6x+k\ge 0$이 성립하려면 이차방정식 $x^2-6x+k=0$의 판별식을 $D$라 할 때

$\frac{D}{4}=(-3)^2-k\le 0$

$\therefore k\ge 9$

따라서 실수 $k$의 최솟값은 9이다. **답** 9

**Core 특강**

**이차부등식이 항상 성립할 조건**

이차부등식

$ax^2+bx+c\le 0$ $(a<0)$ 또는 $ax^2+bx+c\ge 0$ $(a>0)$

이 항상 성립하려면 이차방정식 $ax^2+bx+c=0$의 판별식 $D\le 0$이어야 한다.

**13** 세 조건 $p$, $q$, $r$를

$p$: 진우가 천문대 관람을 신청한다.

$q$: 영지가 천문대 관람을 신청한다.

$r$: 희재가 천문대 관람을 신청한다.

로 정하면

(가) $p\longrightarrow q$ (나) $\sim p\longrightarrow r$

또, 보기의 명제를 $p$, $q$, $r$로 나타내면 다음과 같다.

① $p\longrightarrow \sim r$ ② $\sim p\longrightarrow \sim q$ ③ $q\longrightarrow r$

④ $\sim q\longrightarrow r$ ⑤ $r\longrightarrow \sim q$

(가)에서 명제 $p\longrightarrow q$가 참이므로 그 대우 $\sim q\longrightarrow \sim p$도 참이고, (나)에서 명제 $\sim p\longrightarrow r$가 참이다.

즉, 두 명제 $\sim q\longrightarrow \sim p$, $\sim p\longrightarrow r$가 모두 참이므로 명제 $\sim q\longrightarrow r$도 참이다.

따라서 항상 참인 것은 ④이다. **답** ④



# 명제 (2)

## 교과서 필수 개념 1 충분조건과 필요조건

본문 ☞ 27쪽

**대표 예제 ①** ㄱ. $p\longrightarrow q$: $a=b$이면 $a^2=b^2$이다. (참)

$q\longrightarrow p$: $a^2=b^2$이면 $a=b$이다. (거짓)

[반례] $a=-1$, $b=1$이면 $a^2=b^2$이지만 $a\ne b$이다.

따라서 $p\Longrightarrow q$, $q\not\Longrightarrow p$이므로 $p$는 $q$이기 위한 충분조건이지만 필요조건은 아니다.

ㄴ. $p\longrightarrow q$: $a+b=0$이면 $a=b=0$이다. (거짓)

[반례] $a=-1$, $b=1$이면 $a+b=0$이지만 $a\ne 0$, $b\ne 0$이다.

$q\longrightarrow p$: $a=b=0$이면 $a+b=0$이다. (참)

따라서 $p\not\Longrightarrow q$, $q\Longrightarrow p$이므로 $p$는 $q$이기 위한 필요조건이지만 충분조건은 아니다.

ㄷ. $p\longrightarrow q$: $a^2=b^2$이면 $|a|=|b|$이다. (참)

$q\longrightarrow p$: $|a|=|b|$이면 $a^2=b^2$이다. (참)

따라서 $p\Longleftrightarrow q$이므로 $p$는 $q$이기 위한 필요충분조건이다.

ㄹ. $p\longrightarrow q$: $a>0$이면 $a^2>0$이다. (참)

$q\longrightarrow p$: $a^2>0$이면 $a>0$이다. (거짓)

[반례] $a=-2$이면 $a^2>0$이지만 $a<0$이다.

따라서 $p\Longrightarrow q$, $q\not\Longrightarrow p$이므로 $p$는 $q$이기 위한 충분조건이지만 필요조건은 아니다.

그러므로 $p$는 $q$이기 위한 충분조건이지만 필요조건은 아닌 것은 ㄱ, ㄹ이다. **답** ㄱ, ㄹ

**유제 1-1** ㄱ. $Q\not\subset P$이므로 $q\not\Longrightarrow p$

따라서 $p$는 $q$이기 위한 필요조건이 아니다.

ㄴ. $Q\not\subset R$이므로 $q\not\Longrightarrow r$

따라서 $q$는 $r$이기 위한 충분조건이 아니다.

ㄷ. $P\subset R^C$이므로 $p\Longrightarrow \sim r$

따라서 $p$는 $\sim r$이기 위한 충분조건이다.

그러므로 항상 옳은 것은 ㄷ뿐이다.

**답** ㄷ

**유제 1-2** 세 조건 '$p$: $1\le x\le 3$', '$q$: $a\le x\le 5$', '$r$: $b\le x\le 2$'의 진리집합을 각각 $P$, $Q$, $R$라 하면

$P=\{x|1\le x\le 3\}$, $Q=\{x|a\le x\le 5\}$, $R=\{x|b\le x\le 2\}$

$q$는 $p$이기 위한 필요조건, $r$는 $p$이기 위한 충분조건이므로

$p\Longrightarrow q$, $r\Longrightarrow p$

즉, $P\subset Q$, $R\subset P$이므로 $R\subset P\subset Q$

따라서 세 집합 $P$, $Q$, $R$를 수직선 위에 나타내면 다음 그림과 같아야 한다.

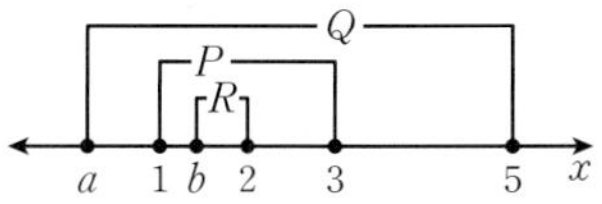

$\therefore a\le 1,\ 1\le b\le 2$

즉, $a$의 최댓값은 1, $b$의 최솟값은 1이므로 그 합은

$1+1=2$ 답 2

## 교과서 필수 개념 2 명제의 증명

본문 ☞ 28쪽

**대표예제 2** 주어진 명제의 대우는

'$n$이 자연수일 때, $n$이 $\boxed{\text{홀수}}$이면 $n^2$도 $\boxed{\text{홀수}}$이다.'

이다.

$n=2m-1$ ($m$은 자연수)로 놓으면

$n^2=(2m-1)^2=4m^2-4m+1=2(\boxed{2m^2-2m})+1$

이므로 $n^2$은 $\boxed{\text{홀수}}$이다.

따라서 주어진 명제의 대우가 참이므로 주어진 명제도 참이다.

∴ (가) 홀수 (나) 홀수 (다) $2m^2-2m$ 답 ③

**유제 2-1** 주어진 명제의 대우는

'$n$이 자연수일 때, $n$이 3의 배수가 아니면 $n^2$도 3의 배수가 아니다.'

이다. $n$이 3의 배수가 아닌 자연수이므로

$n=3k-2$ 또는 $n=3k-1$ ($k$는 자연수)로 놓으면

(i) $n=3k-2$일 때

$n^2=(3k-2)^2$
$=9k^2-12k+4$
$=3(3k^2-4k+1)+1$

이므로 $n^2$은 3의 배수가 아니다.

(ii) $n=3k-1$일 때

$n^2=(3k-1)^2$
$=9k^2-6k+1$
$=3(3k^2-2k)+1$

이므로 $n^2$은 3의 배수가 아니다.

(i), (ii)에 의하여 $n$이 3의 배수가 아니면 $n^2$도 3의 배수가 아니다.

따라서 주어진 명제의 대우가 참이므로 주어진 명제도 참이다.

답 풀이 참조

**유제 2-2** 주어진 명제의 결론을 부정하여 $\sqrt{3}$을 $\boxed{\text{유리수}}$라 가정하면

$\sqrt{3}=\frac{n}{m}$ ($m$, $n$은 $\boxed{\text{서로소}}$인 자연수)으로 놓을 수 있다.

$3=\frac{n^2}{m^2}$에서 $n^2=3m^2$ …… ㉠

이때 $n^2$은 $\boxed{\text{3의 배수}}$이므로 $n$도 $\boxed{\text{3의 배수}}$이다.

따라서 $n=3k$ ($k$는 자연수)로 놓고 ㉠에 대입하면

$(3k)^2=3m^2$ $\therefore m^2=3k^2$

여기서 $m^2$이 3의 배수이므로 $m$도 $\boxed{\text{3의 배수}}$가 되어 $m$, $n$이 $\boxed{\text{서로소}}$라는 가정에 모순이다.

따라서 $\sqrt{3}$은 무리수이다.

∴ (가) 유리수 (나) 서로소 (다) 3의 배수

답 (가) 유리수 (나) 서로소 (다) 3의 배수

## 교과서 필수 개념 3 절대부등식

본문 ☞ 29쪽

**대표예제 3** ㄱ. $x^2\ge 0$이므로 $x^2+3>0$

ㄴ. $x^2-(-x-1)=x^2+x+1=\left(x+\frac{1}{2}\right)^2+\frac{3}{4}>0$이므로

$x^2>-x-1$

ㄷ. $x^2+2x+1=(x+1)^2\ge 0$ (단, 등호는 $x=-1$일 때 성립)

ㄹ. $x\ge 0$일 때, $|x|+x=x+x=2x\ge 0$

$x<0$일 때, $|x|+x=-x+x=0$

따라서 모든 실수 $x$에 대하여

$|x|+x\ge 0$ (단, 등호는 $x\le 0$일 때 성립)

그러므로 절대부등식인 것은 ㄱ, ㄴ, ㄹ이다. 답 ㄱ, ㄴ, ㄹ

**유제 3-1** ① [반례] $a=2$, $b=3$이면 $|a|+|b|=5$, $a+b=5$이므로

$|a|+|b|=a+b$

② $(|a|+|b|)^2-|a-b|^2$

$=(|a|^2+2|a||b|+|b|^2)-(a-b)^2$

$=(a^2+2|ab|+b^2)-(a^2-2ab+b^2)$

$=2(|ab|+ab)\ge 0$

$\therefore (|a|+|b|)^2\ge |a-b|^2$

이때 $|a|+|b|\ge 0$, $|a-b|\ge 0$이므로

$|a|+|b|\ge |a-b|$

(단, 등호는 $|ab|=-ab$, 즉 $ab\le 0$일 때 성립)

③ [반례] $a=1$, $b=-1$이면 $|a+b|=0$, $|a-b|=2$이므로

$|a+b|<|a-b|$

④ [반례] $a=1$, $b=2$이면 $|a-b|=1$, $|a|-|b|=-1$이므로

$|a-b|>|a|-|b|$

⑤ [반례] $a=-1$, $b=2$이면 $a-b=-3$, $|a|-|b|=-1$이므로

$a-b<|a|-|b|$ 답 ②

**대표예제 4** 좌변에서 우변을 빼면

$a^2+b^2-ab=\left(a-\frac{b}{2}\right)^2+\boxed{\frac{3}{4}b^2}$

이때 $a$, $b$가 실수이므로

$\left(a-\frac{b}{2}\right)^2\ge 0$, $\boxed{\frac{3}{4}b^2}\ge 0$

따라서 $a^2+b^2-ab\ge 0$이므로

$a^2+b^2\ge ab$

이때 등호는 $a=\frac{b}{2}$이고 $b=0$, 즉 $\boxed{a=b=0}$일 때 성립한다.

∴ (가) $\frac{3}{4}b^2$ (나) $a=b=0$ 답 (가) $\frac{3}{4}b^2$ (나) $a=b=0$

**유제 4-1** 좌변에서 우변을 빼면

$a^2+b^2+1-(\boxed{ab+a+b})$

$=\frac{1}{2}(2a^2+2b^2+2-2ab-2a-2b)$

$=\frac{1}{2}\{(a^2-2ab+b^2)+(a^2-2a+1)+(b^2-2b+1)\}$

$=\frac{1}{2}\{\boxed{(a-b)^2+(a-1)^2+(b-1)^2}\}$

이때 $a$, $b$가 실수이므로

$(a-b)^2 \geq 0$, $(a-1)^2 \geq 0$, $(b-1)^2 \geq 0$

$\therefore \frac{1}{2}\{\boxed{(a-b)^2+(a-1)^2+(b-1)^2}\} \geq 0$

따라서 $a^2+b^2+1-(\boxed{ab+a+b}) \geq 0$이므로

$a^2+b^2+1 \geq ab+a+b$

이때 등호는 $a=b$, $a=1$, $b=1$, 즉 $\boxed{a=b=1}$일 때 성립한다.

답 (가) $ab+a+b$ (나) $(a-b)^2+(a-1)^2+(b-1)^2$
(다) $a=b=1$

## 교과서 필수 개념 4 여러 가지 절대부등식

본문 ☞ 30쪽

대표예제 5 좌변의 제곱에서 우변의 제곱을 빼면

$$\left(\frac{a+b}{2}\right)^2-(\boxed{\sqrt{ab}})^2=\frac{a^2+2ab+b^2}{4}-ab$$
$$=\frac{a^2-2ab+b^2}{4}$$
$$=\frac{(\boxed{a-b})^2}{4} \geq 0$$

따라서 $\left(\frac{a+b}{2}\right)^2-(\boxed{\sqrt{ab}})^2 \geq 0$이므로 $\frac{a+b}{2} \geq \sqrt{ab}$

이때 등호는 $a-b=0$, 즉 $\boxed{a=b}$일 때 성립한다.

$\therefore$ (가) $\sqrt{ab}$ (나) $a-b$ (다) $a=b$

답 (가) $\sqrt{ab}$ (나) $a-b$ (다) $a=b$

유제 5-1 $a>0$, $b>0$이므로 산술평균과 기하평균의 관계에 의하여

$a+b \geq 2\sqrt{ab}=2\sqrt{9}=6$ (단, 등호는 $a=b=3$일 때 성립)

따라서 구하는 최솟값은 6이다.

답 6

유제 5-2 $a>0$이므로 산술평균과 기하평균의 관계에 의하여

$$\frac{a^2+3a+4}{a}=a+\frac{4}{a}+3$$
$$\geq 2\sqrt{a \times \frac{4}{a}}+3$$
$$=4+3$$
$$=7 \left(\text{단, 등호는 } a=\frac{4}{a}, \text{ 즉 } a=2\text{일 때 성립}\right)$$

따라서 구하는 최솟값은 7이다.

답 7

대표예제 6 좌변에서 우변을 빼면

$(a^2+b^2)(x^2+y^2)-\boxed{(ax+by)^2}$

$=a^2x^2+a^2y^2+b^2x^2+b^2y^2-(a^2x^2+2abxy+b^2y^2)$

$=a^2y^2-2abxy+b^2x^2$

$=(\boxed{ay-bx})^2$

이때 $a$, $b$, $x$, $y$가 실수이므로

$(\boxed{ay-bx})^2 \geq 0$

따라서 $(a^2+b^2)(x^2+y^2)-(ax+by)^2 \geq 0$이므로

$(a^2+b^2)(x^2+y^2) \geq (ax+by)^2$

이때 등호는 $ay-bx=0$, 즉 $\boxed{\frac{x}{a}=\frac{y}{b}}$일 때 성립한다.

$\therefore$ (가) $(ax+by)^2$ (나) $ay-bx$ (다) $\frac{x}{a}=\frac{y}{b}$

답 (가) $(ax+by)^2$ (나) $ay-bx$ (다) $\frac{x}{a}=\frac{y}{b}$

유제 6-1 코시-슈바르츠의 부등식에 의하여

$(1^2+1^2)(a^2+b^2) \geq (a+b)^2$

$a+b=4$이므로

$2(a^2+b^2) \geq 4^2$

$\therefore a^2+b^2 \geq 8$ (단, 등호는 $a=b$일 때 성립)

따라서 구하는 최솟값은 8이다.

답 8

## 핵심 개념&공식 리뷰

본문 ☞ 31쪽

**01** (1) × (2) ○ (3) ○ (4) × (5) ○ (6) ×
**02** (1) 충 (2) 필 (3) 충 (4) 필 (5) 필충 (6) 필충 (7) 필 (8) 충
**03** (1) T (2) F (3) F (4) T (5) T (6) F
**04** (1) × (2) ○ (3) × (4) ○ (5) ○ (6) ×
**05** (1) 4 (2) 36 (3) 8 (4) 6, $x=3$

**02** (7) $p \longrightarrow q$: 사각형 ABCD가 평행사변형이어도 네 각이 모두 직각이 아니면 직사각형이 아니다. $\therefore$ 거짓

$q \longrightarrow p$: 사각형 ABCD가 직사각형이면 사각형 ABCD는 평행사변형이다. $\therefore$ 참

따라서 $p$는 $q$이기 위한 필요조건이다.

(8) $p \longrightarrow q$: $x=0$, $y=0$이면 $x+y\sqrt{5}=0$이다. $\therefore$ 참

$q \longrightarrow p$: [반례] $x=\sqrt{5}$, $y=-1$이면 $x+y\sqrt{5}=0$이지만 $x \neq 0$, $y \neq 0$이다. $\therefore$ 거짓

따라서 $p$는 $q$이기 위한 충분조건이다.

참고 사각형의 포함 관계는 오른쪽 그림과 같다.

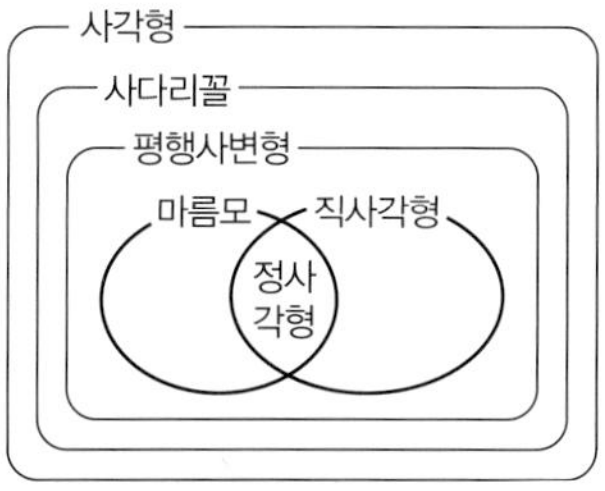


**05** (1) $x>0$, $y>0$이므로 산술평균과 기하평균의 관계에 의하여

$x+y \geq 2\sqrt{xy}$

$=2\sqrt{4}=4$ (단, 등호는 $x=y$일 때 성립)

따라서 $x+y$의 최솟값은 4이다.

(2) $x>0$, $y>0$이므로 산술평균과 기하평균의 관계에 의하여

$x+y \ge 2\sqrt{xy}$

$12 \ge 2\sqrt{xy}$

$6 \ge \sqrt{xy}$ (단, 등호는 $x=y$일 때 성립)

양변을 제곱하면 $36 \ge xy$

따라서 $xy$의 최댓값은 36이다.

(3) $x>0$, $y>0$이므로 산술평균과 기하평균의 관계에 의하여

$x+2y \ge 2\sqrt{x \times 2y}$

$=2\sqrt{2 \times 8}=8$ (단, 등호는 $x=2y$일 때 성립)

따라서 $x+2y$의 최솟값은 8이다.

(4) $x>0$, $\frac{9}{x}>0$이므로 산술평균과 기하평균의 관계에 의하여

$x+\frac{9}{x} \ge 2\sqrt{x \times \frac{9}{x}}=6$ $\left(\text{단, 등호는 } x=\frac{9}{x}\text{일 때 성립}\right)$

따라서 $x+\frac{9}{x}$의 최솟값은 6이다.

이때 등호는 $x=\frac{9}{x}$, 즉 $x=3$일 때 성립한다.

## 빈출 문제로 실전 연습

본문 ☞ 32~33쪽

**01** ⑤ **02** 1 **03** ③ **04** 7 **05** ①, ④ **06** ②

**07** (가) $|a+b|^2$ (나) $|ab|-ab$ (다) $ab \ge 0$ **08** 18 **09** ①

**10** ① **11** ③ **12** $\frac{22}{3}$

**01** $x^2+ax+9=0$은 $x=1$이기 위한 필요조건이므로 명제 '$x=1$이면 $x^2+ax+9=0$이다.'가 참이다.

즉, $x=1$은 이차방정식 $x^2+ax+9=0$의 근이어야 하므로

$1^2+a \times 1+9=0$ $\quad \therefore a=-10$

답 ⑤

**02** $(x-a)^2=1$에서 $x^2-2ax+a^2-1=0$

$(x-a)^2=1$은 $x^2+4x+b=0$이기 위한 필요충분조건이므로

$x^2-2ax+a^2-1=x^2+4x+b$

양변의 계수를 비교하면

$-2a=4$에서 $a=-2$

$a^2-1=b$에서 $b=(-2)^2-1=3$

$\therefore a+b=1$

답 1

**03** $p$는 $q$이기 위한 필요조건이므로 $q \Longrightarrow p$이다.

$r$는 $q$이기 위한 충분조건이므로 $r \Longrightarrow q$이다.

즉, $r \Longrightarrow q$, $q \Longrightarrow p$이므로 $r \Longrightarrow p$이다.

따라서 항상 참인 명제는 $r \longrightarrow p$이다.

답 ③

**04** $x^2-3x-10 \le 0$에서 $(x+2)(x-5) \le 0$

$\therefore -2 \le x \le 5$

$x^2 \le b^2$에서 $x^2-b^2 \le 0$, $(x+b)(x-b) \le 0$

$\therefore -b \le x \le b$

세 조건 $p$, $q$, $r$의 진리집합을 각각 $P$, $Q$, $R$라 하면

$P=\{x \mid -2 \le x \le 5\}$, $Q=\{x \mid -a \le x \le a\}$,

$R=\{x \mid -b \le x \le b\}$

$p$가 $q$이기 위한 충분조건이 되려면 $P \subset Q$이어야 하므로 오른쪽 그림에서

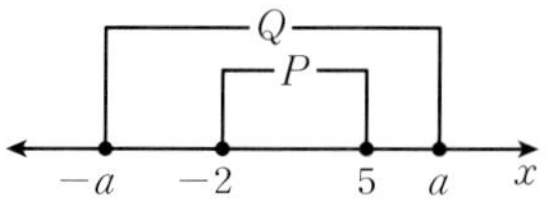


$-a \le -2$이고 $a \ge 5$

즉, $a \ge 2$이고 $a \ge 5$이므로 $a \ge 5$

따라서 $a$의 최솟값은 $m=5$

또, $p$가 $r$이기 위한 필요조건이 되려면 $R \subset P$이어야 하므로 오른쪽 그림에서

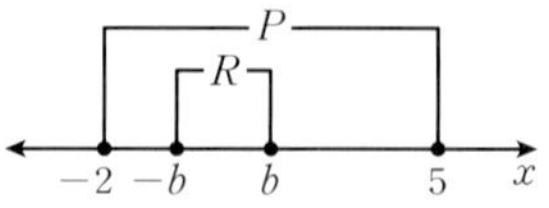


$-b \ge -2$이고 $b \le 5$

즉, $b \le 2$이고 $b \le 5$이므로 $b \le 2$

따라서 $b$의 최댓값은 $M=2$

$\therefore m+M=5+2=7$

답 7

**05** $|x+y|=|x|+|y|$의 양변을 제곱하면

$|x+y|^2=(|x|+|y|)^2$

$x^2+2xy+y^2=x^2+2|xy|+y^2$

$\therefore xy=|xy|$

따라서 $xy \ge 0$이므로

$x \ge 0$, $y \ge 0$ 또는 $x \le 0$, $y \le 0$

① $xy=0$에서 $x=0$ 또는 $y=0$

➜ 충분조건이지만 필요조건은 아니다.

② $xy \ge 0$ ➜ 필요충분조건이다.

③ $xy \le 0$에서 $x \le 0$, $y \ge 0$ 또는 $x \ge 0$, $y \le 0$

➜ 충분조건도 아니고 필요조건도 아니다.

④ $xy>0$에서 $x>0$, $y>0$ 또는 $x<0$, $y<0$

➜ 충분조건이지만 필요조건은 아니다.

⑤ $xy<0$에서 $x>0$, $y<0$ 또는 $x<0$, $y>0$

➜ 충분조건도 아니고 필요조건도 아니다.

그러므로 충분조건이지만 필요조건은 아닌 것은 ①, ④이다.

답 ①, ④

**06** 주어진 명제의 대우는

'$m$, $n$이 자연수일 때, $m$, $n$이 모두 [홀수]이면 $mn$도 [홀수]이다.'

이다. $m$, $n$이 모두 [홀수]이므로

$m=2k+1$, $n=$ [$2l+1$] ($k$, $l$은 음이 아닌 정수)

로 놓을 수 있다. 이때

$mn=(2k+1)(2l+1)=4kl+2k+2l+1$

$=$ [$2(2kl+k+l)+1$]

이므로 $mn$이 홀수이다.

따라서 주어진 명제의 대우가 참이므로 주어진 명제도 참이다.

$\therefore$ (가) 홀수 (나) $2l+1$ (다) $2(2kl+k+l)+1$

답 ②

**07** $|a|+|b|\geq 0$, $|a+b|\geq 0$이므로 $(|a|+|b|)^2\geq \boxed{|a+b|^2}$ 임을 보이면 된다.

$(|a|+|b|)^2-|a+b|^2$

$=|a|^2+2|a||b|+|b|^2-(a+b)^2$

$=a^2+2|ab|+b^2-(a^2+2ab+b^2)$

$=2(\boxed{|ab|-ab})\geq 0$ ($\because |ab|\geq ab$)

따라서 $(|a|+|b|)^2\geq|a+b|^2$이므로 $|a|+|b|\geq|a+b|$

이때 등호는 $|ab|=ab$, 즉 $\boxed{ab\geq 0}$일 때 성립한다.

$\therefore$ (가) $|a+b|^2$ (나) $|ab|-ab$ (다) $ab\geq 0$

답 (가) $|a+b|^2$ (나) $|ab|-ab$ (다) $ab\geq 0$

**08** $4a>0$, $\dfrac{9}{a}>0$이므로 산술평균과 기하평균의 관계에 의하여

$4a+\dfrac{9}{a}\geq 2\sqrt{4a\times\dfrac{9}{a}}$

$=2\sqrt{36}=12$ $\left(\text{단, 등호는 } 4a=\dfrac{9}{a}\text{, 즉 } a=\dfrac{3}{2}\text{일 때 성립}\right)$

따라서 $4a+\dfrac{9}{a}$의 최솟값은 12, 그때의 $a$의 값은 $\dfrac{3}{2}$이므로

$m=12$, $k=\dfrac{3}{2}$ $\quad\therefore mk=18$

답 18

**09** 코시-슈바르츠의 부등식에 의하여

$(2^2+1^2)(x^2+y^2)\geq(2x+y)^2$

$x^2+y^2=5$이므로

$5\times5\geq(2x+y)^2$, $(2x+y)^2\leq 25$

$\therefore -5\leq 2x+y\leq 5$ $\left(\text{단, 등호는 } \dfrac{x}{2}=\dfrac{y}{1}\text{, 즉 } x=2y\text{일 때 성립}\right)$

따라서 $2x+y$의 최댓값은 5, 최솟값은 $-5$이므로 그 곱은

$5\times(-5)=-25$

답 ①

**10** $|x+b|=a$ $(a>0)$에서

$x+b=-a$ 또는 $x+b=a$

$\therefore x=-a-b$ 또는 $x=a-b$

$x^2-ax+b=0$은 $|x+b|=a$이기 위한 필요충분조건이므로 이차방정식 $x^2-ax+b=0$의 두 근이 $-a-b$, $a-b$이다.

이차방정식의 근과 계수의 관계에 의하여

$a=(-a-b)+(a-b)=-2b$

즉, $a=-2b$ ⋯⋯ ㉠

$b=(-a-b)\times(a-b)=-a^2+b^2$

즉, $a^2=b^2-b$ ⋯⋯ ㉡

㉠을 ㉡에 대입하면

$4b^2=b^2-b$, $3b^2+b=0$, $b(3b+1)=0$

$\therefore b=0$ 또는 $b=-\dfrac{1}{3}$

(i) $b=0$일 때, $a=b=0$이 되어 조건을 만족시키지 않는다.

(ii) $b=-\dfrac{1}{3}$일 때, $a=-2b=\dfrac{2}{3}$

(i), (ii)에 의하여 $a=\dfrac{2}{3}$, $b=-\dfrac{1}{3}$

$\therefore a+b=\dfrac{1}{3}$

답 ①

**11** 두 점 $(8, 0)$, $(0, 4)$를 지나는 직선의 방정식은

$y-0=\dfrac{4-0}{0-8}(x-8)$ $\quad\therefore x+2y=8$

이 직선 위의 점 P의 좌표를 $(a, b)$라 하면

$a+2b=8$ (단, $a>0$, $b>0$)

이때 직사각형 OQPR의 넓이는

$\overline{OQ}\times\overline{PQ}=ab$

한편, $a>0$, $b>0$이므로 산술평균과 기하평균의 관계에 의하여

$a+2b\geq 2\sqrt{a\times 2b}$

$8\geq 2\sqrt{2ab}$

$\sqrt{2ab}\leq 4$

양변을 제곱하면 $2ab\leq 16$

$\therefore ab\leq 8$ (단, 등호는 $a=2b$, 즉 $a=4$, $b=2$일 때 성립)

따라서 직사각형 OQPR의 넓이의 최댓값은 8이다.

답 ③

Core 특강

**두 점을 지나는 직선의 방정식**

(1) 서로 다른 두 점 $(x_1, y_1)$, $(x_2, y_2)$를 지나는 직선의 방정식은

$y-y_1=\dfrac{y_2-y_1}{x_2-x_1}(x-x_1)$ (단, $x_1\neq x_2$)

(2) $x$절편이 $a$, $y$절편이 $b$인 직선의 방정식은 ― 두 점 $(a, 0)$, $(0, b)$를 지나는 직선

$\dfrac{x}{a}+\dfrac{y}{b}=1$ (단, $ab\neq 0$)

**12** 세 정삼각형의 한 변의 길이를 각각 $x$, $y$, $z$라 하면 둘레의 길이의 합이 33이므로

$3(x+y+z)=33$, $x+y+z=11$

$\therefore y+z=11-x$ ⋯⋯ ㉠

또, 넓이의 합이 $\dfrac{43\sqrt{3}}{4}$이므로

$\dfrac{\sqrt{3}}{4}(x^2+y^2+z^2)=\dfrac{43\sqrt{3}}{4}$, $x^2+y^2+z^2=43$

$\therefore y^2+z^2=43-x^2$ ⋯⋯ ㉡

$y$, $z$가 실수이므로 코시-슈바르츠의 부등식에 의하여

$(1^2+1^2)(y^2+z^2)\geq(y+z)^2$ (단, 등호는 $y=z$일 때 성립)

㉠, ㉡에서 $2(43-x^2)\geq(11-x)^2$이므로

$3x^2-22x+35\leq 0$, $(x-5)(3x-7)\leq 0$

$\therefore \dfrac{7}{3}\leq x\leq 5$

따라서 세 정삼각형의 한 변의 길이의 최댓값은 5, 최솟값은 $\dfrac{7}{3}$이므로 구하는 합은

$5+\dfrac{7}{3}=\dfrac{22}{3}$

답 $\dfrac{22}{3}$

Core 특강

**정삼각형의 높이와 넓이**

한 변의 길이가 $a$인 정삼각형의 높이를 $h$, 넓이를 $S$라 하면

(1) $h=\sqrt{a^2-\left(\dfrac{1}{2}a\right)^2}=\dfrac{\sqrt{3}}{2}a$

(2) $S=\dfrac{1}{2}ah=\dfrac{\sqrt{3}}{4}a^2$

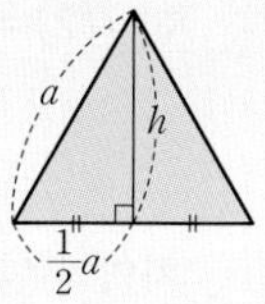

# 05강 함수

## 교과서 필수 개념 1 함수

본문 ☞ 34쪽

대표예제 ① (1) 집합 $X$의 원소 중 3에 대응하는 집합 $Y$의 원소가 없으므로 함수가 아니다.

답 함수인 것: (2), (3)

(2) 정의역: $\{1, 2, 3\}$, 치역: $\{1, 5\}$

(3) 정의역: $\{1, 2, 3\}$, 치역: $\{a, b, c\}$

유제 1-1 주어진 대응을 그림으로 나타내면 다음과 같다.

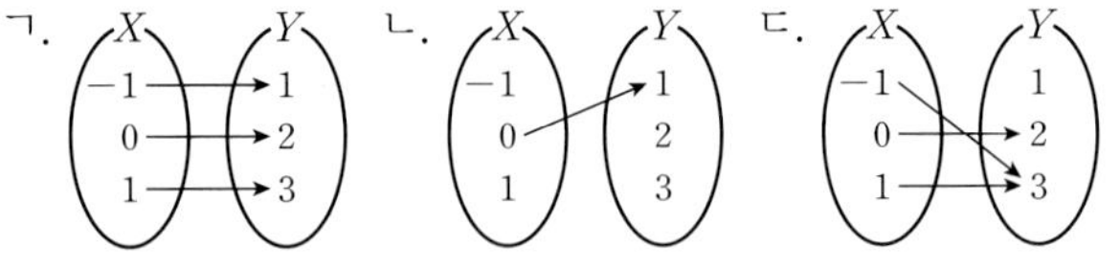


ㄱ, ㄷ. 집합 $X$의 각 원소에 집합 $Y$의 원소가 오직 하나씩 대응하므로 함수이다.

ㄴ. 집합 $X$의 원소 중 $-1$, 1에 대응하는 집합 $Y$의 원소가 없으므로 함수가 아니다.

따라서 $X$에서 $Y$로의 함수인 것은 ㄱ, ㄷ이다. 답 ㄱ, ㄷ

대표예제 ② $f=g$이려면 $f(-1)=g(-1)$, $f(1)=g(1)$이어야 한다.

$f(-1)=-2$, $g(-1)=-a+b$이므로

$-a+b=-2$ …… ㉠

$f(1)=4$, $g(1)=a+b$이므로

$a+b=4$ …… ㉡

㉠, ㉡을 연립하여 풀면

$a=3$, $b=1$ 답 $a=3$, $b=1$

유제 2-1 ㄱ. $f(2)=3$, $g(2)=1$이므로 $f(2)\neq g(2)$ $\therefore f\neq g$

ㄴ. $f(1)=2$, $g(1)=1$이므로 $f(1)\neq g(1)$ $\therefore f\neq g$

ㄷ. $f(1)=g(1)=2$, $f(2)=g(2)=5$ $\therefore f=g$

따라서 $f=g$인 것은 ㄷ뿐이다. 답 ㄷ

## 교과서 필수 개념 2 여러 가지 함수

본문 ☞ 35쪽

대표예제 ③ (2) 일대일함수이지만 치역과 공역이 같지 않으므로 일대일대응이 아니다.

(3) $f(2)=f(4)=2$이므로 일대일함수가 아니다.

답 일대일함수: (1), (2) / 일대일대응: (1)

유제 3-1 치역의 임의의 원소 $k$에 대하여 함수의 그래프와 직선 $y=k$의 교점을 나타내면 다음과 그림과 같다.

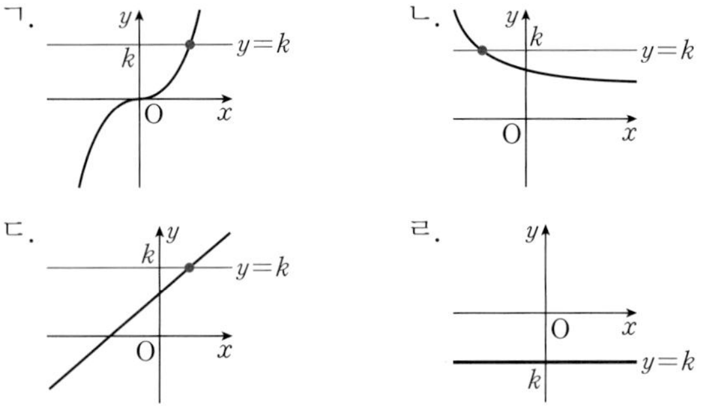


일대일함수는 그 그래프와 직선 $y=k$의 교점이 항상 1개인 것이므로 ㄱ, ㄴ, ㄷ이다. 답 ㄱ, ㄴ, ㄷ

**Core 특강**

**일대일함수의 그래프**

치역의 임의의 원소 $k$에 대하여 함수의 그래프와 직선 $y=k$의 교점이 항상 1개이면 일대일함수의 그래프이다.

예 ① ②

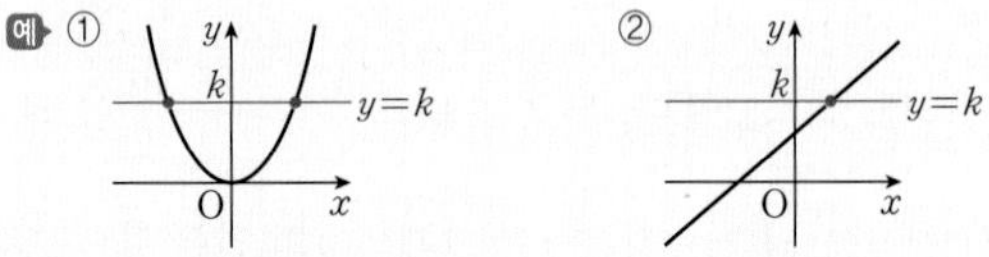


➜ 일대일함수가 아니다. ➜ 일대일함수이다.

참고 위의 예에서 일대일함수인 ②는 치역과 공역이 같으므로 일대일대응이다.

대표예제 ④ 함수 $g$가 항등함수이므로 $g(3)=3$

$\therefore f(2)=g(3)=3$

따라서 $f(1)=1$, $f(2)=3$이고 $f$는 일대일함수이므로 $f(3)$의 값이 될 수 있는 것은 2 또는 4이다. 답 2, 4

유제 4-1 함수 $g$가 항등함수이므로 $g(2)=2$

$\therefore f(1)=g(2)=2$

함수 $f$가 상수함수이므로 집합 $X$의 모든 원소 $x$에 대하여

$f(x)=2$

$\therefore f(3)+g(4)=2+4=6$ 답 6

유제 4-2 일대일대응을 $f: X \longrightarrow X$라 하면

$f(-1)$의 값이 될 수 있는 것은 $-1$, 0, 1 중 하나이므로 3개

$f(0)$의 값이 될 수 있는 것은 $f(-1)$의 값을 제외한 2개

$f(1)$의 값이 될 수 있는 것은 $f(-1)$, $f(0)$의 값을 제외한 1개

따라서 일대일대응의 개수는 $3\times2\times1=6$

또, 항등함수는 1개, 상수함수는 3개이므로

$a=6$, $b=1$, $c=3$

$\therefore a+b+c=10$ 답 10

## 교과서 필수 개념 3 합성함수

본문 ☞ 36쪽

대표예제 ⑤ (1) $(g\circ f)(x)=g(f(x))=g(2x+3)$

$=(2x+3)^2-5=4x^2+12x+4$

(2) $(f\circ g)(x)=f(g(x))=f(x^2-5)=2(x^2-5)+3=2x^2-7$

답 (1) $(g\circ f)(x)=4x^2+12x+4$
(2) $(f\circ g)(x)=2x^2-7$

유제 5-1 (1) $(f\circ g)(x)=f(g(x))=f(x^2)=2x^2$이므로
$((f\circ g)\circ h)(x)=(f\circ g)(h(x))=(f\circ g)(1-x)$
$=2(1-x)^2$

(2) $(g\circ h)(x)=g(h(x))=g(1-x)=(1-x)^2$이므로
$(f\circ(g\circ h))(x)=f((g\circ h)(x))=f((1-x)^2)$
$=2(1-x)^2$

답 풀이 참조

다른 풀이 (2) $(f\circ(g\circ h))(x)=((f\circ g)\circ h)(x)=2(1-x)^2$

대표예제 6 $(f\circ f\circ f)(2)=f(f(f(2)))$
$=f(f(3))$ — 2는 짝수이므로 $f(2)=2+1=3$
$=f(6)$ — 3은 홀수이므로 $f(3)=2\times3=6$
$=7$ — 6은 짝수이므로 $f(6)=6+1=7$

답 7

유제 6-1 $(f\circ f)(-1)=f(f(-1))$
$=f(3)$ — $-1<0$이므로 $f(-1)=-(-1)+2=3$
$=0$ — $3\geq0$이므로 $f(3)=-3+3=0$

답 0

유제 6-2 $(g\circ f)(x)=g(f(x))=g(ax+2)=b(ax+2)+c$
$=abx+2b+c=2x+1$
$\therefore ab=2,\ 2b+c=1$
이때 $f(-2)=0$이므로
$-2a+2=0 \qquad \therefore a=1$
$ab=2$에 $a=1$을 대입하면 $b=2$
$2b+c=1$에 $b=2$를 대입하면 $4+c=1 \qquad \therefore c=-3$
$\therefore abc=1\times2\times(-3)=-6$

답 $-6$

## 교과서 필수 개념 4 역함수

본문 ☞ 37쪽

대표예제 7 (1) $y=-x+7$을 $x$에 대하여 풀면 $x=-y+7$
$x$와 $y$를 서로 바꾸면 $y=-x+7$
따라서 역함수는 $y=-x+7$

(2) $y=\frac{1}{3}x+1$을 $x$에 대하여 풀면 $x=3y-3$
$x$와 $y$를 서로 바꾸면 $y=3x-3$
따라서 역함수는 $y=3x-3$

답 (1) $y=-x+7$ (2) $y=3x-3$

유제 7-1 $y=-\frac{1}{2}x+6$을 $x$에 대하여 풀면 $x=-2y+12$
$x$와 $y$를 서로 바꾸면 $y=-2x+12$
따라서 $f^{-1}(x)=-2x+12$이므로
$a=-2,\ b=12 \qquad \therefore ab=-24$

답 $-24$

## 교과서 필수 개념 5 역함수의 성질

본문 ☞ 37쪽

대표예제 8 (1) $f^{-1}(-2)=k$로 놓으면 $f(k)=-2$이므로
$2k-8=-2,\ 2k=6 \qquad \therefore k=3$
$\therefore f^{-1}(-2)=3$
(2) $(f^{-1})^{-1}(5)=f(5)=2\times5-8=2$

답 (1) 3 (2) 2

유제 8-1 (1) $(f^{-1})^{-1}(-3)=f(-3)=5\times(-3)+1=-14$
(2) $(g^{-1}\circ g)(2)=2$
(3) $(f^{-1}\circ g)^{-1}(-1)=(g^{-1}\circ f)(-1)=g^{-1}(f(-1))$
$=g^{-1}(-4)$
$g^{-1}(-4)=k$로 놓으면 $g(k)=-4$이므로
$2k=-4 \qquad \therefore k=-2$
$\therefore (f^{-1}\circ g)^{-1}(-1)=-2$

답 (1) $-14$ (2) 2 (3) $-2$

유제 8-2 $(g^{-1}\circ f)^{-1}(k)=(f^{-1}\circ g)(k)=f^{-1}(g(k))$이므로
$f^{-1}(g(k))=-3$
즉, $g(k)=f(-3)$이므로
$3k-2=13,\ 3k=15$
$\therefore k=5$

답 5

## 핵심 개념 & 공식 리뷰

본문 ☞ 38쪽

**01** (1) × (2) ○ (3) × (4) × (5) ○ (6) × (7) × (8) ○ (9) × (10) ○
**02** 함수인 것: (2), (4) / (2) 치역: $\{a, b\}$, (4) 치역: $\{d\}$
**03** 일대일함수: (1), (4) / 일대일대응: (1) / 항등함수: (1)
상수함수: (3)
**04** (1) 3 (2) 1 (3) 2 (4) 17
**05** (1) $-6$ (2) 11 (3) $-4$ (4) $-1$ (5) 4 (6) 0

**02** (1) 집합 $X$의 원소 2에 대응하는 집합 $Y$의 원소가 $b$, $c$의 2개이므로 함수가 아니다.
(3) 집합 $X$의 원소 2에 대응하는 집합 $Y$의 원소가 없으므로 함수가 아니다.

**04** (1) $f(a)=5$이므로
$3a-4=5 \qquad \therefore a=3$
(2) $f(a)=-1$이므로
$3a-4=-1 \qquad \therefore a=1$
(3) $f(2)=a$이므로 $a=3\times2-4=2$
(4) $f(7)=a$이므로 $a=3\times7-4=17$

**05** (2) $(g^{-1})^{-1}(5)=g(5)=11$
(3) $(f\circ g)(2)=f(g(2))=f(5)=-4$

(4) $(g \circ f)(2)=g(f(2))=g(-1)=-1$

(5) $(g^{-1} \circ f^{-1})^{-1}(-2)=(f \circ g)(-2)=f(g(-2))$

$=f(-3)=4$

(6) $(f^{-1} \circ g)^{-1}(0)=(g^{-1} \circ f)(0)=g^{-1}(f(0))=g^{-1}(1)$

$g^{-1}(1)=k$로 놓으면 $g(k)=1$

$2k+1=1 \qquad \therefore k=0$

$\therefore (f^{-1} \circ g)^{-1}(0)=0$

## 빈출 문제로 실전 연습

본문 ☞ 39~40쪽

**01** ⑤ **02** ② **03** ③ **04** ⑤ **05** ①, ④ **06** ④
**07** ④ **08** $-5$ **09** ② **10** $-6$ **11** ③ **12** 40
**13** ①

**01** ㄴ. 집합 $X$의 원소 중 3에 대응하는 집합 $Y$의 원소가 2, 3의 2개이므로 함수가 아니다.

따라서 함수인 것은 ㄱ, ㄷ이다. 답 ⑤

**02** $\sqrt{2}-1$, $-\sqrt{2}-1$은 무리수이므로

$f(\sqrt{2}-1)=-(\sqrt{2}-1)+1=-\sqrt{2}+2$,

$f(-\sqrt{2}-1)=-(-\sqrt{2}-1)+1=\sqrt{2}+2$

1은 유리수이므로

$f(1)=1+3=4$

$\therefore f(\sqrt{2}-1)+f(-\sqrt{2}-1)+f(1)$

$=(-\sqrt{2}+2)+(\sqrt{2}+2)+4=8$ 답 ②

**03** $2x-3=1$에서 $x=2$이므로

$f(1)=3\times2-5=1$

$2x-3=5$에서 $x=4$이므로

$f(5)=3\times4-5=7$

$\therefore f(1)+f(5)=1+7=8$ 답 ③

다른 풀이 $f(2x-3)=3x-5$에서 $2x-3=t$로 놓으면

$x=\frac{t+3}{2}$

$\therefore f(t)=3\times\frac{t+3}{2}-5=\frac{3t-1}{2}$

즉, $f(x)=\frac{3x-1}{2}$이므로

$f(1)=\frac{3\times1-1}{2}=1$, $f(5)=\frac{3\times5-1}{2}=7$

$\therefore f(1)+f(5)=1+7=8$

**04** ㄱ. $f(-1)=g(-1)=1$, $f(0)=g(0)=0$이므로 $f=g$

ㄴ. $f(-1)=g(-1)=1$, $f(0)=g(0)=0$이므로 $f=g$

ㄷ. $f(-1)=g(-1)=-1$, $f(0)=g(0)=2$이므로 $f=g$

따라서 $f=g$인 것은 ㄱ, ㄴ, ㄷ 모두이다. 답 ⑤

**05** 정의역의 임의의 원소 $a$에 대하여 주어진 그래프와 직선 $x=a$의 교점을 그림으로 나타내면 다음과 같다.

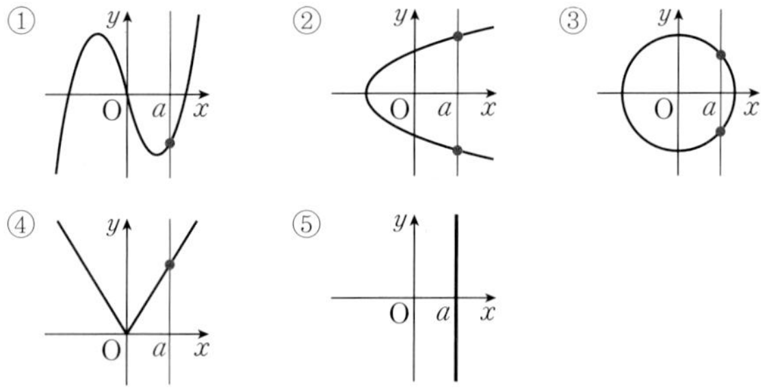


②, ③, ⑤ 주어진 그래프가 직선 $x=a$와 만나지 않거나 2개 이상의 점에서 만나기도 하므로 함수의 그래프가 아니다.

따라서 함수의 그래프인 것은 ①, ④이다. 답 ①, ④

**06** $a>0$이므로 함수 $f$가 일대일대응이면

$f(-2)=-1$, $f(3)=14$

$\therefore -2a+b=-1$, $3a+b=14$

위의 두 식을 연립하여 풀면 $a=3$, $b=5$

$\therefore a+b=3+5=8$ 답 ④

Core 특강

**일차함수와 일대일대응**

두 집합 $X=\{x|p\le x\le q\}$, $Y=\{y|r\le y\le s\}$에 대하여 $p<q$, $r<s$이고 $X$에서 $Y$로의 함수 $f(x)=ax+b$ ($a$, $b$는 상수)가 일대일대응일 때

① $a>0$ → $x$의 값이 증가하면 $f(x)$의 값도 증가한다.

→ $f(p)=r$, $f(q)=s$

② $a<0$ → $x$의 값이 증가하면 $f(x)$의 값은 감소한다.

→ $f(p)=s$, $f(q)=r$

**07** $(g \circ f)(1)=g(f(1))=g(-3)=11$

$(f \circ g)(-2)=f(g(-2))=f(6)=7$

$\therefore (g \circ f)(1)+(f \circ g)(-2)=11+7=18$ 답 ④

**08** $(f \circ g)(x)=f(g(x))=f(-x+5)$

$=3(-x+5)+k=-3x+15+k$

$(g \circ f)(x)=g(f(x))=g(3x+k)$

$=-(3x+k)+5=-3x-k+5$

$f \circ g=g \circ f$이므로 $-3x+15+k=-3x-k+5$

즉, $15+k=-k+5$이므로

$2k=-10 \qquad \therefore k=-5$ 답 $-5$

**09** $f^{-1}(3)=0$에서 $f(0)=3$이므로 $b=3$

$f^{-1}(7)=-2$에서 $f(-2)=7$이므로 $-2a+b=7$ ······ ㉠

$b=3$을 ㉠에 대입하면 $-2a+3=7 \qquad \therefore a=-2$

$\therefore ab=(-2)\times3=-6$ 답 ②

**10** $(f \circ (g \circ f)^{-1} \circ f)(2)=(f \circ f^{-1} \circ g^{-1} \circ f)(2)$

$=(g^{-1} \circ f)(2)=g^{-1}(f(2))$

$=g^{-1}(-3)$

$g^{-1}(-3)=k$로 놓으면 $g(k)=-3$이므로

$k+3=-3$ $\quad$ ∴ $k=-6$

∴ $(f\circ(g\circ f)^{-1}\circ f)(2)=-6$ 답 $-6$

**11** $X\neq\varnothing$이므로 $a\in X$인 $a$가 존재한다.

$f(x)$가 항등함수이므로 $f(a)=a$

즉, $a^2-3a+3=a$이므로

$a^2-4a+3=0$, $(a-1)(a-3)=0$ $\quad$ ∴ $a=1$ 또는 $a=3$

따라서 집합 $X$는 집합 $\{1, 3\}$의 부분집합 중 공집합이 아닌 집합이므로 집합 $X$의 개수는 $2^2-1=3$ 답 ③

**12** 주어진 그래프에서

$f(1)=2$

$f^2(1)=f(f(1))=f(2)=2$

$f^3(1)=f(f^2(1))=f(2)=2$

$\vdots$

$f^{20}(1)=f(f^{19}(1))=f(2)=2$

∴ $f(1)+f^2(1)+f^3(1)+\cdots+f^{20}(1)$

$=\underbrace{2+2+2+\cdots+2}_{20개}$

$=2\times20=40$ 답 40

**13** $(f^{-1}\circ f^{-1})(k)=(f\circ f)^{-1}(k)=c$

에서 $(f\circ f)(c)=k$

오른쪽 그림에서

$(f\circ f)(c)=f(f(c))=f(b)=a$

∴ $k=a$

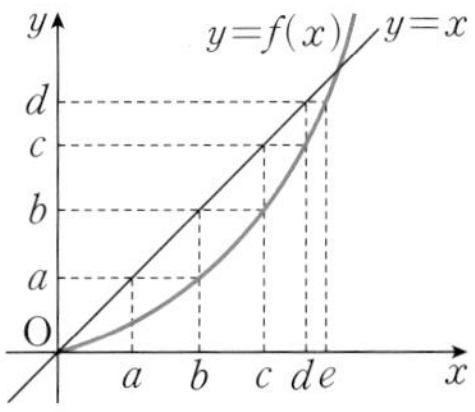


답 ①

II. 함수

# 06강 유리함수

## 교과서 필수 개념 1 유리식

본문 ☞ 41쪽

**대표예제 1**

(1) $\frac{1}{x}-\frac{1}{x+1}=\frac{x+1}{x(x+1)}-\frac{x}{x(x+1)}=\frac{x+1-x}{x(x+1)}=\frac{1}{x(x+1)}$

(2) $\frac{x+1}{x-2}+\frac{2x}{x+2}=\frac{(x+1)(x+2)}{(x-2)(x+2)}+\frac{2x(x-2)}{(x-2)(x+2)}$

$=\frac{x^2+3x+2+2x^2-4x}{(x-2)(x+2)}$

$=\frac{3x^2-x+2}{(x-2)(x+2)}$

(3) $\frac{x^2-1}{x^2+3x}\times\frac{x}{x+1}=\frac{(x+1)(x-1)}{x(x+3)}\times\frac{x}{x+1}=\frac{x-1}{x+3}$

(4) $\frac{x}{x^2-16}\div\frac{x^2}{x+4}=\frac{x}{x^2-16}\times\frac{x+4}{x^2}$

$=\frac{x}{(x+4)(x-4)}\times\frac{x+4}{x^2}$

$=\frac{1}{x(x-4)}$

답 (1) $\frac{1}{x(x+1)}$ (2) $\frac{3x^2-x+2}{(x-2)(x+2)}$ (3) $\frac{x-1}{x+3}$ (4) $\frac{1}{x(x-4)}$

**유제 1-1**

(1) $\frac{1}{(x-1)(x+2)}+\frac{2}{(x+2)(x+3)}$

$=\frac{x+3}{(x-1)(x+2)(x+3)}+\frac{2(x-1)}{(x-1)(x+2)(x+3)}$

$=\frac{x+3+2x-2}{(x-1)(x+2)(x+3)}$

$=\frac{3x+1}{(x-1)(x+2)(x+3)}$

(2) $\frac{x-2}{x-3}-\frac{x+3}{x+2}=\frac{(x-2)(x+2)-(x+3)(x-3)}{(x-3)(x+2)}$

$=\frac{x^2-4-(x^2-9)}{(x-3)(x+2)}$

$=\frac{5}{(x-3)(x+2)}$

(3) $\frac{x^2+2x-3}{x^2+x-2}\times\frac{x^2-1}{x+3}=\frac{(x+3)(x-1)}{(x+2)(x-1)}\times\frac{(x+1)(x-1)}{x+3}$

$=\frac{(x+1)(x-1)}{x+2}$

(4) $\frac{x^2-4}{x+5}\div\frac{x-2}{x^2+4x-5}=\frac{x^2-4}{x+5}\times\frac{x^2+4x-5}{x-2}$

$=\frac{(x+2)(x-2)}{x+5}\times\frac{(x+5)(x-1)}{x-2}$

$=(x+2)(x-1)$

답 (1) $\frac{3x+1}{(x-1)(x+2)(x+3)}$ (2) $\frac{5}{(x-3)(x+2)}$ (3) $\frac{(x+1)(x-1)}{x+2}$ (4) $(x+2)(x-1)$

## 교과서 필수 개념 2 특수한 형태의 분수식의 계산

본문 ☞ 42쪽

**대표예제 2**

$\frac{1}{x(x+1)}+\frac{2}{(x+1)(x+3)}+\frac{2}{(x+3)(x+5)}$

$=\frac{1}{(x+1)-x}\left(\frac{1}{x}-\frac{1}{x+1}\right)$

$+\frac{2}{(x+3)-(x+1)}\left(\frac{1}{x+1}-\frac{1}{x+3}\right)$

$+\frac{2}{(x+5)-(x+3)}\left(\frac{1}{x+3}-\frac{1}{x+5}\right)$

$=\left(\frac{1}{x}-\frac{1}{x+1}\right)+\left(\frac{1}{x+1}-\frac{1}{x+3}\right)+\left(\frac{1}{x+3}-\frac{1}{x+5}\right)$

$=\frac{1}{x}-\frac{1}{x+5}=\frac{x+5-x}{x(x+5)}=\frac{5}{x(x+5)}$ 답 $\frac{5}{x(x+5)}$

유제 2-1
$\frac{2}{x^2-2x}+\frac{2}{x^2+2x}$

$=\frac{2}{x(x-2)}+\frac{2}{x(x+2)}$

$=\frac{2}{x-(x-2)}\left(\frac{1}{x-2}-\frac{1}{x}\right)+\frac{2}{(x+2)-x}\left(\frac{1}{x}-\frac{1}{x+2}\right)$

$=\left(\frac{1}{x-2}-\frac{1}{x}\right)+\left(\frac{1}{x}-\frac{1}{x+2}\right)$

$=\frac{1}{x-2}-\frac{1}{x+2}$

$=\frac{x+2-(x-2)}{(x-2)(x+2)}$

$=\frac{4}{(x-2)(x+2)}$ 답 $\frac{4}{(x-2)(x+2)}$

유제 2-2
$x : y=2 : 3$이므로 $\frac{x}{2}=\frac{y}{3}=k\ (k\neq0)$로 놓으면

$x=2k,\ y=3k$

$\therefore \frac{2x+3y}{3x+2y}=\frac{2\times2k+3\times3k}{3\times2k+2\times3k}=\frac{13k}{12k}=\frac{13}{12}$ 답 $\frac{13}{12}$

다른 풀이 $x : y=2 : 3$에서 $2y=3x$ $\quad\therefore y=\frac{3}{2}x$

$\therefore \frac{2x+3y}{3x+2y}=\frac{2x+3\times\frac{3}{2}x}{3x+2\times\frac{3}{2}x}=\frac{\frac{13}{2}x}{6x}=\frac{13}{12}$

## 교과서 필수 개념 3 유리함수의 뜻

본문 ☞ 42쪽

대표예제 3
(1) $x+3\neq0$에서 $x\neq-3$

따라서 정의역은 $\{x|x\neq-3$인 실수$\}$

(2) $x\neq0,\ x+2\neq0$에서 $x\neq0,\ x\neq-2$

따라서 정의역은 $\{x|x\neq-2,\ x\neq0$인 실수$\}$

답 (1) $\{x|x\neq-3$인 실수$\}$
(2) $\{x|x\neq-2,\ x\neq0$인 실수$\}$

유제 3-1
(1) $2x+1\neq0$에서 $x\neq-\frac{1}{2}$

따라서 정의역은 $\left\{x\,\middle|\,x\neq-\frac{1}{2}\text{인 실수}\right\}$

(2) 모든 실수 $x$에 대하여 $x^2+1\neq0$이므로 구하는 정의역은 $\{x|x$는 실수$\}$

답 (1) $\left\{x\,\middle|\,x\neq-\frac{1}{2}\text{인 실수}\right\}$ (2) $\{x|x$는 실수$\}$

## 교과서 필수 개념 4 유리함수 $y=\frac{k}{x}\ (k\neq0)$의 그래프

본문 ☞ 43쪽

대표예제 4
(1)

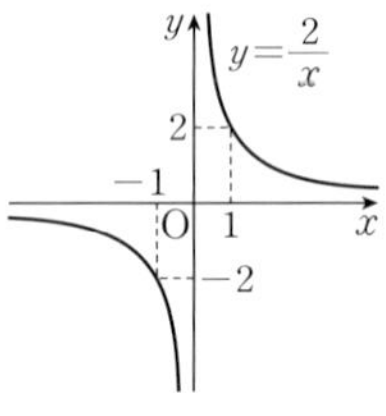


정의역: $\{x|x\neq0$인 실수$\}$
치역: $\{y|y\neq0$인 실수$\}$
점근선의 방정식: $x=0,\ y=0$

(2)

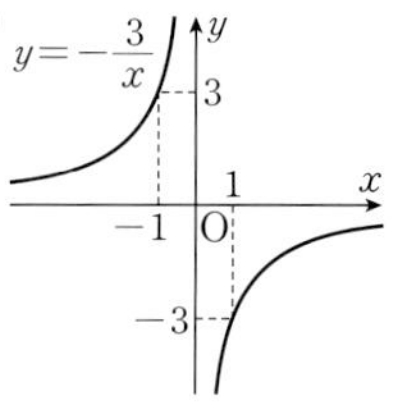


정의역: $\{x|x\neq0$인 실수$\}$
치역: $\{y|y\neq0$인 실수$\}$
점근선의 방정식: $x=0,\ y=0$

답 풀이 참조

유제 4-1
ㄱ, ㄹ. 그래프는 제1사분면과 제3사분면을 지난다.
ㄴ, ㄷ. 그래프는 제2사분면과 제4사분면을 지난다.
따라서 그 그래프가 제1사분면을 지나는 함수는 ㄱ, ㄹ이다.

답 ㄱ, ㄹ

대표예제 5
ㄱ. 정의역은 0이 아닌 실수 전체의 집합이다.
ㄷ. 그래프는 원점과 두 직선 $y=x,\ y=-x$에 대하여 대칭이다.
따라서 옳은 것은 ㄴ, ㄹ이다. 답 ㄴ, ㄹ

유제 5-1
② 치역은 0이 아닌 실수 전체의 집합이다.
③ $|-5|>|-1|$이므로 함수 $y=-\frac{5}{x}$의 그래프는 함수 $y=-\frac{1}{x}$의 그래프보다 원점에서 더 멀다.
⑤ 그래프의 점근선의 방정식은 $x=0,\ y=0$이다.
따라서 옳은 것은 ①, ④이다. 답 ①, ④

## 교과서 필수 개념 5 유리함수 $y=\frac{k}{x-p}+q\ (k\neq0)$의 그래프

본문 ☞ 44쪽

대표예제 4
(1) 함수 $y=\frac{1}{x-2}+1$의 그래프는 함수 $y=\frac{1}{x}$의 그래프를 $x$축의 방향으로 2만큼, $y$축의 방향으로 1만큼 평행이동한 것이므로 오른쪽 그림과 같다. 이때

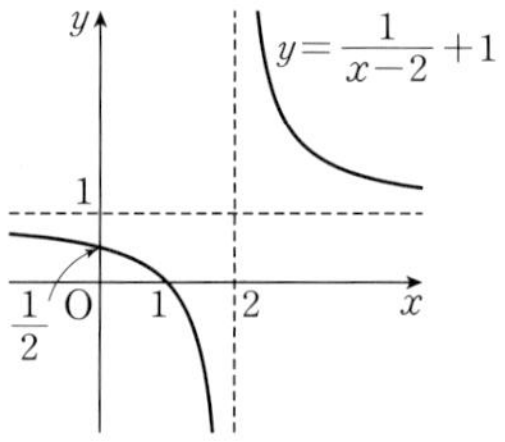


점근선의 방정식: $x=2,\ y=1$
정의역: $\{x|x\neq2$인 실수$\}$
치역: $\{y|y\neq1$인 실수$\}$

(2) $y=\frac{2x+1}{x+1}=\frac{2(x+1)-1}{x+1}=-\frac{1}{x+1}+2$

즉, 함수 $y=\frac{2x+1}{x+1}$의 그래프는 함수 $y=-\frac{1}{x}$의 그래프를 $x$축의 방향으로 $-1$만큼, $y$축의 방향으로 2만큼 평행이동한 것이므로 오른쪽 그림과 같다. 이때

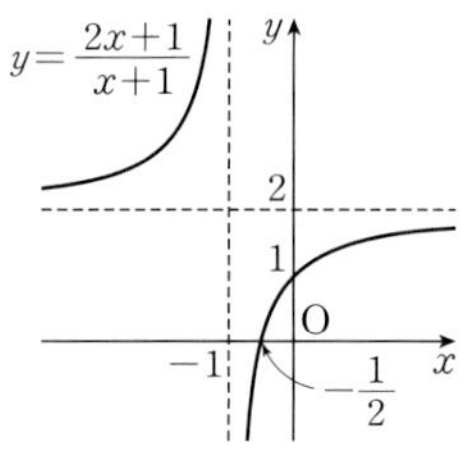


점근선의 방정식: $x=-1,\ y=2$
정의역: $\{x|x\neq-1$인 실수$\}$
치역: $\{y|y\neq2$인 실수$\}$

답 풀이 참조

유제 6-1 (1) $y=\dfrac{1}{2x+4}-3=\dfrac{1}{2(x+2)}-3$

즉, 함수 $y=\dfrac{1}{2x+4}-3$의 그래프는 함수 $y=\dfrac{1}{2x}$의 그래프를 $x$축의 방향으로 $-2$만큼, $y$축의 방향으로 $-3$만큼 평행이동한 것이므로 오른쪽 그림과 같다.

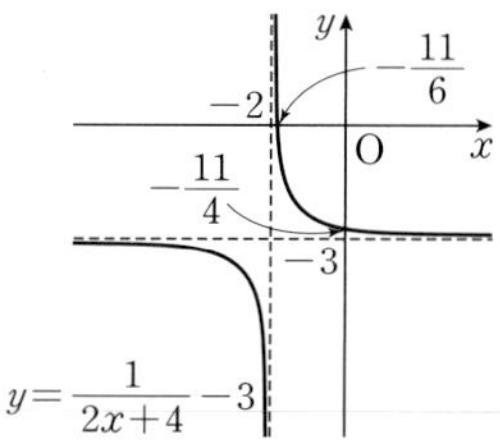


이때

점근선의 방정식: $x=-2$, $y=-3$

정의역: $\{x \mid x\neq-2$인 실수$\}$

치역: $\{y \mid y\neq-3$인 실수$\}$

(2) $y=\dfrac{-x+1}{x-2}=\dfrac{-(x-2)-1}{x-2}=-\dfrac{1}{x-2}-1$

즉, 함수 $y=\dfrac{-x+1}{x-2}$의 그래프는 함수 $y=-\dfrac{1}{x}$의 그래프를 $x$축의 방향으로 2만큼, $y$축의 방향으로 $-1$만큼 평행이동한 것이므로 오른쪽 그림과 같다. 이때

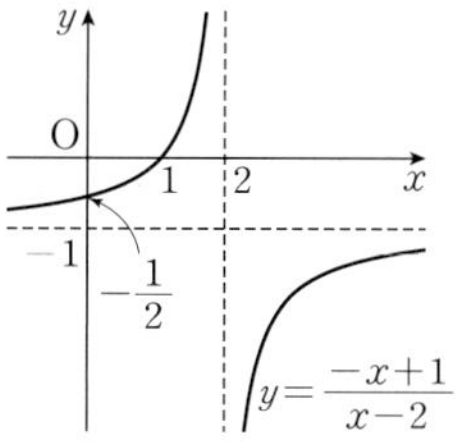


점근선의 방정식: $x=2$, $y=-1$

정의역: $\{x \mid x\neq2$인 실수$\}$

치역: $\{y \mid y\neq-1$인 실수$\}$

답 풀이 참조

유제 6-2 $y=\dfrac{3x-10}{x-5}=\dfrac{3(x-5)+5}{x-5}=\dfrac{5}{x-5}+3$

즉, 함수 $y=\dfrac{3x-10}{x-5}$의 그래프는 함수 $y=\dfrac{5}{x}$의 그래프를 $x$축의 방향으로 5만큼, $y$축의 방향으로 3만큼 평행이동한 것이므로

$p=5$, $q=3$

답 $p=5$, $q=3$

다른 풀이 함수 $y=\dfrac{5}{x}$의 그래프를 $x$축의 방향으로 $p$만큼, $y$축의 방향으로 $q$만큼 평행이동하면

$y=\dfrac{5}{x-p}+q=\dfrac{5+q(x-p)}{x-p}=\dfrac{qx+5-pq}{x-p}$

이것이 $y=\dfrac{3x-10}{x-5}$과 일치하므로

$p=5$, $q=3$

유제 6-3 주어진 그래프에서 점근선의 방정식이 $x=-2$, $y=2$이므로

$p=-2$, $q=2$

따라서 주어진 함수의 식은

$y=\dfrac{k}{x+2}+2\ (k<0)$

이 함수의 그래프가 점 $(0, 1)$을 지나므로

$1=\dfrac{k}{0+2}+2$

$\therefore k=-2$

답 $k=-2$, $p=-2$, $q=2$

## 핵심 개념 & 공식 리뷰

본문 ☞ 45쪽

**01** (1) × (2) ○ (3) ○ (4) × (5) × (6) ○ (7) ○ (8) ×

**02** (1) $\dfrac{2x-1}{x(x-1)}$ (2) $\dfrac{2}{x+2}$ (3) $\dfrac{1}{(x-2)(x-6)}$ (4) $-\dfrac{1}{x+4}$

**03** (1) $\dfrac{3}{x(x+3)}$ (2) $\dfrac{2}{(x-1)(x+3)}$

**04** (1) $\dfrac{x}{x+1}$ (2) $\dfrac{x-1}{x(x+3)}$ (3) $\dfrac{x+1}{2x+3}$ (4) $x+1$

**05** 풀이 참조

**02** (1) $\dfrac{1}{x}+\dfrac{1}{x-1}=\dfrac{x-1}{x(x-1)}+\dfrac{x}{x(x-1)}$

$=\dfrac{x-1+x}{x(x-1)}$

$=\dfrac{2x-1}{x(x-1)}$

(2) $\dfrac{2}{x-4}-\dfrac{12}{x^2-2x-8}=\dfrac{2}{x-4}-\dfrac{12}{(x+2)(x-4)}$

$=\dfrac{2(x+2)}{(x+2)(x-4)}-\dfrac{12}{(x+2)(x-4)}$

$=\dfrac{2x+4-12}{(x+2)(x-4)}$

$=\dfrac{2(x-4)}{(x+2)(x-4)}$

$=\dfrac{2}{x+2}$

(3) $\dfrac{1}{x^2-4x+4}\times\dfrac{x-2}{x-6}=\dfrac{1}{(x-2)^2}\times\dfrac{x-2}{x-6}$

$=\dfrac{1}{(x-2)(x-6)}$

(4) $\dfrac{3-x}{x^2+3x-4}\div\dfrac{x^2-2x-3}{x^2-1}$

$=\dfrac{3-x}{x^2+3x-4}\times\dfrac{x^2-1}{x^2-2x-3}$

$=\dfrac{3-x}{(x+4)(x-1)}\times\dfrac{(x+1)(x-1)}{(x+1)(x-3)}$

$=\dfrac{-(x-3)}{(x+4)(x-1)}\times\dfrac{x-1}{x-3}$

$=-\dfrac{1}{x+4}$

**03** (1) $\dfrac{1}{x(x+1)}+\dfrac{1}{(x+1)(x+2)}+\dfrac{1}{(x+2)(x+3)}$

$=\dfrac{1}{(x+1)-x}\left(\dfrac{1}{x}-\dfrac{1}{x+1}\right)$

$+\dfrac{1}{(x+2)-(x+1)}\left(\dfrac{1}{x+1}-\dfrac{1}{x+2}\right)$

$+\dfrac{1}{(x+3)-(x+2)}\left(\dfrac{1}{x+2}-\dfrac{1}{x+3}\right)$

$=\left(\dfrac{1}{x}-\dfrac{1}{x+1}\right)+\left(\dfrac{1}{x+1}-\dfrac{1}{x+2}\right)+\left(\dfrac{1}{x+2}-\dfrac{1}{x+3}\right)$

$=\dfrac{1}{x}-\dfrac{1}{x+3}=\dfrac{x+3-x}{x(x+3)}=\dfrac{3}{x(x+3)}$

(2) $\frac{1}{(x-1)(x+1)}+\frac{1}{(x+1)(x+3)}$

$=\frac{1}{(x+1)-(x-1)}\left(\frac{1}{x-1}-\frac{1}{x+1}\right)$

$+\frac{1}{(x+3)-(x+1)}\left(\frac{1}{x+1}-\frac{1}{x+3}\right)$

$=\frac{1}{2}\left(\frac{1}{x-1}-\frac{1}{x+1}\right)+\frac{1}{2}\left(\frac{1}{x+1}-\frac{1}{x+3}\right)$

$=\frac{1}{2}\left(\frac{1}{x-1}-\frac{1}{x+3}\right)=\frac{1}{2}\times\frac{x+3-(x-1)}{(x-1)(x+3)}$

$=\frac{2}{(x-1)(x+3)}$

## 04

(1) $\frac{1}{1+\frac{1}{x}}=\frac{1}{\frac{x+1}{x}}=\frac{x}{x+1}$

(2) $\frac{1-\frac{1}{x}}{x+3}=\frac{\frac{x-1}{x}}{x+3}=\frac{x-1}{x(x+3)}$

(3) $\frac{1}{2+\frac{1}{1+x}}=\frac{1}{\frac{2x+3}{1+x}}=\frac{x+1}{2x+3}$

(4) $\frac{x-\frac{1}{x}}{\frac{x-1}{x}}=\frac{\frac{x^2-1}{x}}{\frac{x-1}{x}}=\frac{x(x^2-1)}{x(x-1)}$

$=\frac{(x+1)(x-1)}{x-1}=x+1$

## 05

(1)

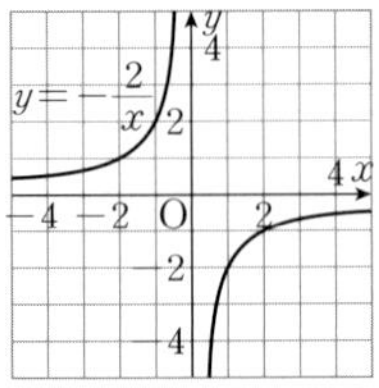


정의역: $\{x|x$는 $x\neq0$인 실수$\}$
치역: $\{y|y$는 $y\neq0$인 실수$\}$
점근선의 방정식: $x=0,\ y=0$

(2)

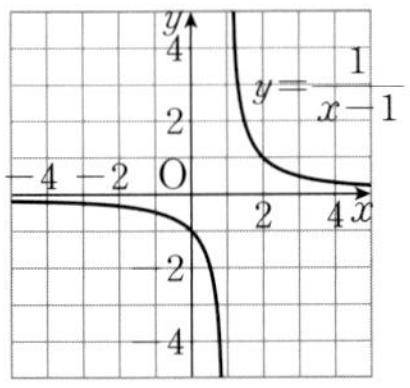


정의역: $\{x|x$는 $x\neq1$인 실수$\}$
치역: $\{y|y$는 $y\neq0$인 실수$\}$
점근선의 방정식: $x=1,\ y=0$

(3)

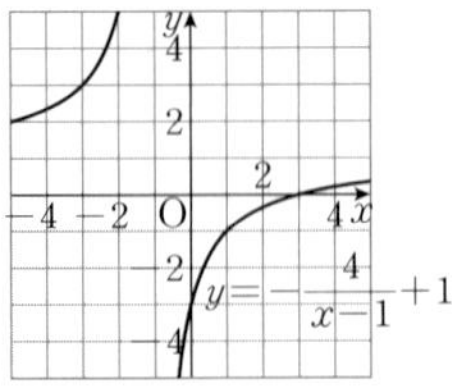


정의역: $\{x|x$는 $x\neq-1$인 실수$\}$
치역: $\{y|y$는 $y\neq1$인 실수$\}$
점근선의 방정식: $x=-1,\ y=1$

(4) $y=\frac{2x+1}{x-1}-3=\frac{2(x-1)+3}{x-1}-3=\frac{3}{x-1}-1$

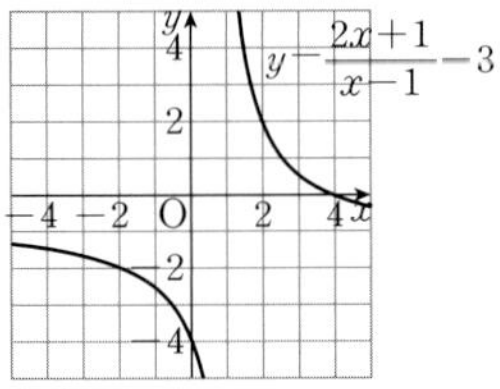


정의역: $\{x|x$는 $x\neq1$인 실수$\}$
치역: $\{y|y$는 $y\neq-1$인 실수$\}$
점근선의 방정식: $x=1,\ y=-1$

# 빈출 문제로 실전 연습

본문 ☞ 46~47쪽

| | | | | | |
|---|---|---|---|---|---|
| 01 ② | 02 −3 | 03 ② | 04 −8 | 05 ③ | 06 ④ |
| 07 ① | 08 ⑤ | 09 ② | 10 ① | 11 6 | 12 7 |
| 13 ③ | | | | | |

## 01

$-\frac{1}{x-1}+\frac{x+4}{x^2+x+1}$

$=\frac{-(x^2+x+1)+(x+4)(x-1)}{(x-1)(x^2+x+1)}$

$=\frac{-x^2-x-1+x^2+3x-4}{x^3-1}$

$=\frac{2x-5}{x^3-1}$

답 ②

## 02

$a+b+c=0$에서

$a+b=-c,\ b+c=-a,\ c+a=-b$

$\therefore \frac{1}{a}(b+c)+\frac{1}{b}(c+a)+\frac{1}{c}(a+b)$

$=\frac{1}{a}\times(-a)+\frac{1}{b}\times(-b)+\frac{1}{c}\times(-c)$

$=-1-1-1$

$=-3$

답 −3

## 03

$-\frac{1}{x^2+x}+\frac{3}{x^2+3x}$

$=-\frac{1}{x(x+1)}+\frac{3}{x(x+3)}$

$=-\frac{1}{(x+1)-x}\left(\frac{1}{x}-\frac{1}{x+1}\right)+\frac{3}{(x+3)-x}\left(\frac{1}{x}-\frac{1}{x+3}\right)$

$=-\left(\frac{1}{x}-\frac{1}{x+1}\right)+\left(\frac{1}{x}-\frac{1}{x+3}\right)$

$=\frac{1}{x+1}-\frac{1}{x+3}=\frac{x+3-(x+1)}{(x+1)(x+3)}$

$=\frac{2}{x^2+4x+3}$

따라서 $\frac{2}{x^2+4x+3}=\frac{a}{x^2+bx+c}$이므로

$a=2,\ b=4,\ c=3$

$\therefore a+b+c=9$

답 ②

## 04

함수 $y=\frac{5x+a}{x-1}=\frac{5(x-1)+a+5}{x-1}=\frac{a+5}{x-1}+5$의 그래프를 $x$축의 방향으로 $b$만큼, $y$축의 방향으로 $c$만큼 평행이동하면

$y=\frac{a+5}{x-b-1}+5+c$

이 함수의 그래프가 함수 $y=\frac{3}{x}$의 그래프와 일치하므로

$a+5=3,\ -b-1=0,\ 5+c=0$

$\therefore a=-2,\ b=-1,\ c=-5$

$\therefore a+b+c=-8$

답 −8

**05** $y=\frac{x+5}{x-1}=\frac{(x-1)+6}{x-1}=\frac{6}{x-1}+1$

즉, 함수 $y=\frac{x+5}{x-1}$의 그래프는 함수 $y=\frac{6}{x}$의 그래프를 $x$축의 방향으로 1만큼, $y$축의 방향으로 1만큼 평행이동한 것이다.

이때 정의역이 $\{x|2\le x\le a\}$이고 치역이 $\{y|3\le y\le b\}$이므로 그 그래프는 오른쪽 그림과 같다.

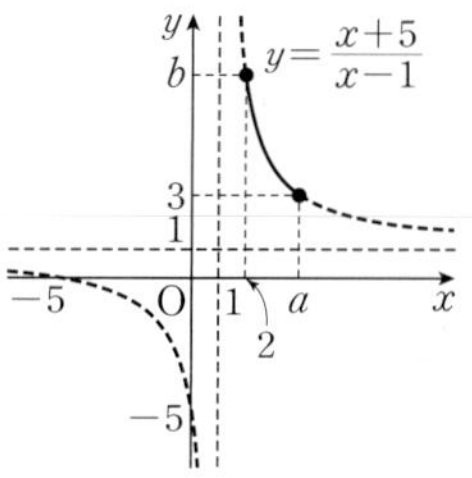


$x=a$일 때 $y=3$이므로

$3=\frac{a+5}{a-1}$, $3a-3=a+5$

$2a=8$ $\quad\therefore a=4$

$x=2$일 때 $y=b$이므로

$b=\frac{2+5}{2-1}=7$

$\therefore ab=28$

답 ③

**06** $y=\frac{3x+5}{x+2}=\frac{3(x+2)-1}{x+2}=-\frac{1}{x+2}+3$

즉, 함수 $y=\frac{3x+5}{x+2}$의 그래프는 함수 $y=-\frac{1}{x}$의 그래프를 $x$축의 방향으로 $-2$만큼, $y$축의 방향으로 3만큼 평행이동한 것이므로 오른쪽 그림과 같다.

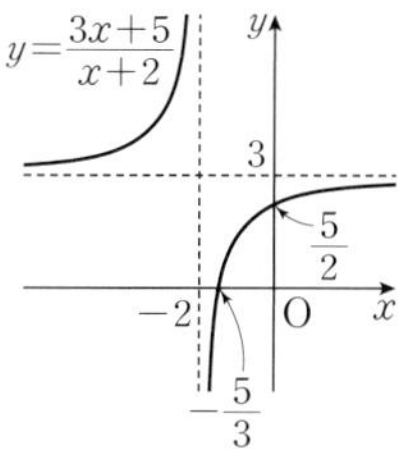


④ 그래프는 제4사분면을 지나지 않는다.

따라서 옳지 않은 것은 ④이다.

답 ④

**07** $y=\frac{-x+7}{x-4}=\frac{-(x-4)+3}{x-4}=\frac{3}{x-4}-1$

이 함수의 그래프의 두 점근선의 방정식은 $x=4$, $y=-1$이므로 두 점근선의 교점은 점 $(4, -1)$이다.

즉, 함수 $y=\frac{-x+7}{x-4}$의 그래프는 기울기가 1 또는 $-1$이고 점 $(4, -1)$을 지나는 직선에 대하여 대칭이다.

따라서 직선 $y=x+k$가 점 $(4, -1)$을 지나므로

$-1=4+k$ $\quad\therefore k=-5$

답 ①

Core 특강

**함수 $y=\frac{k}{x-p}+q$ $(k\ne0)$의 그래프의 대칭성**

함수 $y=\frac{k}{x-p}+q$ $(k\ne0)$의 그래프는 기울기가 1 또는 $-1$이고 두 점근선 $x=p$, $y=q$의 교점 $(p, q)$를 지나는 두 직선에 대하여 대칭이다.

└ $y=x-p+q$ 또는 $y=-x+p+q$

**08** 주어진 그래프의 두 점근선의 방정식이 $x=-2$, $y=1$이므로 주어진 함수의 식을 $y=\frac{k}{x+2}+1$ $(k>0)$로 놓을 수 있다.

이 함수의 그래프가 점 $(-4, 0)$을 지나므로

$0=\frac{k}{-4+2}+1$ $\quad\therefore k=2$

따라서 $y=\frac{2}{x+2}+1=\frac{2+x+2}{x+2}=\frac{x+4}{x+2}$이므로

$a=1$, $b=4$, $c=2$

$\therefore a+b+c=7$

답 ⑤

**09** $(f\circ g)(x)=x$에서 $g(x)$는 $f(x)$의 역함수이다.

$y=\frac{3x+2}{2x-1}$로 놓고 $x$에 대하여 풀면

$(2x-1)y=3x+2$

$(2y-3)x=y+2$

$\therefore x=\frac{y+2}{2y-3}$

$x$와 $y$를 서로 바꾸면 $y=\frac{x+2}{2x-3}$

따라서 함수 $f(x)$의 역함수는

$g(x)=\frac{x+2}{2x-3}$

답 ②

Core 특강

**역함수 구하기**

함수 $y=\frac{ax+b}{cx+d}$의 역함수는 다음 순서로 구한다.

(i) $x$에 대하여 푼다. ➜ $x=\frac{-dy+b}{cy-a}$

(ii) $x$와 $y$를 서로 바꾼다. ➜ $y=\frac{-dx+b}{cx-a}$

**10** $(f\circ f)(a)=f(f(a))$에서 $f(a)=\frac{a-1}{a+4}$이므로

$$f(f(a))=\frac{\frac{a-1}{a+4}-1}{\frac{a-1}{a+4}+4}=\frac{a-1-(a+4)}{a-1+4(a+4)}$$

$$=\frac{-5}{5a+15}=-\frac{1}{a+3}$$

이때 $(f\circ f)(a)=\frac{1}{6}$에서 $-\frac{1}{a+3}=\frac{1}{6}$

$-6=a+3$ $\quad\therefore a=-9$

답 ①

**11** $y=\frac{x+2k-7}{x-4}=\frac{(x-4)+2k-3}{x-4}=\frac{2k-3}{x-4}+1$

이 함수의 그래프의 두 점근선의 방정식은

$x=4$, $y=1$

(i) $2k-3<0$, 즉 $k<\frac{3}{2}$일 때, 오른쪽 그림과 같이 함수 $y=\frac{x+2k-7}{x-4}$의 그래프는 제3사분면을 지나지 않는다.

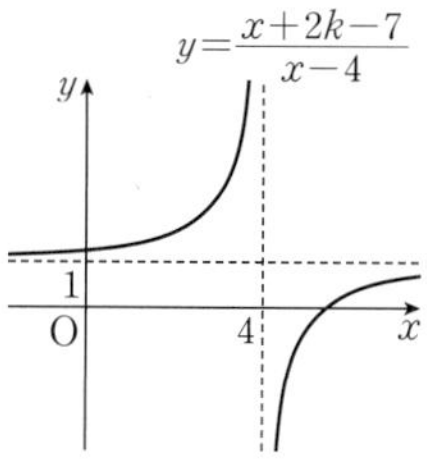


이때 $k<\frac{3}{2}$이므로 자연수 $k$는 1이다.

(ii) $2k-3>0$, 즉 $k>\frac{3}{2}$일 때,

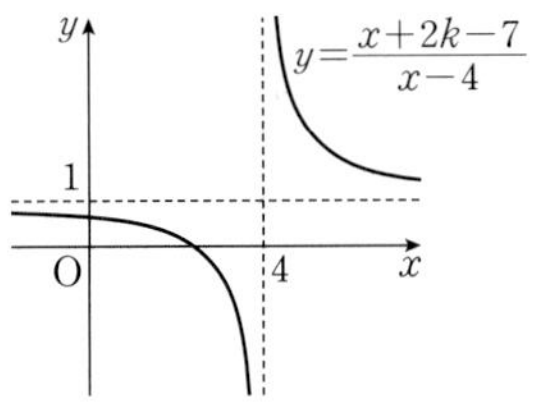


함수 $y=\frac{x+2k-7}{x-4}$의 그래프가 제3사분면을 지나지 않으려면 오른쪽 그림과 같이 $x=0$에서의 함숫값이 0보다 크거나 같아야 하므로

$\frac{2k-7}{-4}\geq 0$

$2k-7\leq 0$ $\quad \therefore k\leq \frac{7}{2}$

이때 $k>\frac{3}{2}$에서 $\frac{3}{2}<k\leq\frac{7}{2}$이므로 자연수 $k$는 2, 3이다.

(i), (ii)에 의하여 자연수 $k$는 1, 2, 3이므로 구하는 합은

$1+2+3=6$ 답 6

**12** 점 A의 좌표를 $\left(a, \frac{1}{a}\right)$ $(a>0)$이라 하면

$B\left(ak, \frac{1}{a}\right)$, $C\left(a, \frac{k}{a}\right)$

삼각형 ABC의 넓이가 18이므로

$\frac{1}{2}\times(ak-a)\times\left(\frac{k}{a}-\frac{1}{a}\right)=18$

$(k-1)^2=36$, $k-1=-6$ 또는 $k-1=6$

$\therefore k=-5$ 또는 $k=7$

그런데 $k>1$이므로 $k=7$ 답 7

**13** 조건 (가)에서 함수 $y=\frac{ax+b}{x+c}$의 역함수의 치역이

$\{y\,|\,y\neq1$인 실수$\}$이므로 함수 $y=\frac{ax+b}{x+c}$의 정의역은

$\{x\,|\,x\neq1$인 실수$\}$이다.

즉, 함수 $y=\frac{ax+b}{x+c}$의 그래프의 점근선 중 하나는 직선 $x=1$이다. ······ ㉠

조건 (나)에서 함수 $y=\frac{ax+b}{x+c}$의 역함수의 그래프의 점근선 중 하나가 직선 $x=3$이므로 함수 $y=\frac{ax+b}{x+c}$의 그래프의 점근선 중 하나는 직선 $y=3$이다. ······ ㉡

㉠, ㉡에 의하여 함수 $y=\frac{ax+b}{x+c}$의 그래프의 두 점근선의 방정식이 $x=1$, $y=3$이므로 함수의 식을

$y=\frac{k}{x-1}+3$ $(k\neq0)$ ······ ㉢

으로 놓을 수 있다.

조건 (다)에서 함수 $y=\frac{ax+b}{x+c}$의 역함수의 그래프가 점 (2, 0)을 지나므로 함수 $y=\frac{ax+b}{x+c}$의 그래프는 점 (0, 2)를 지난다.

즉, ㉢의 그래프가 점 (0, 2)를 지나므로

$2=-k+3$ $\quad \therefore k=1$

따라서 $y=\frac{1}{x-1}+3=\frac{1+3(x-1)}{x-1}=\frac{3x-2}{x-1}$이므로

$a=3$, $b=-2$, $c=-1$

$\therefore a+b+c=0$ 답 ③

다른 풀이 $y=\frac{ax+b}{x+c}$를 $x$에 대하여 풀면

$(x+c)y=ax+b$, $(y-a)x=-cy+b$

$x=\frac{-cy+b}{y-a}$

$x$와 $y$를 서로 바꾸면

$y=\frac{-cx+b}{x-a}$

즉, 함수 $y=\frac{ax+b}{x+c}$의 역함수는 $y=\frac{-cx+b}{x-a}$이다. 이때

$y=\frac{-cx+b}{x-a}=\frac{-c(x-a)+b-ac}{x-a}=\frac{b-ac}{x-a}-c$

이고 조건 (가), (나)에서 역함수 $y=\frac{-cx+b}{x-a}$의 그래프의 두 점근선의 방정식이 $x=3$, $y=1$이므로

$a=3$, $c=-1$

즉, $y=\frac{-cx+b}{x-a}=\frac{x+b}{x-3}$

조건 (다)에서 함수 $y=\frac{x+b}{x-3}$의 그래프가 점 (2, 0)을 지나므로

$0=\frac{2+b}{2-3}$ $\quad \therefore b=-2$

$\therefore a+b+c=0$

# 07강 무리함수

Ⅱ. 함수

## 교과서 필수 개념 1 무리식과 제곱근의 성질

본문 ☞ 48쪽

대표예제 1

(1) $2x+4\geq0$에서 $2x\geq-4$

$\therefore x\geq-2$

(2) $x-1\geq0$에서 $x\geq1$ ······ ㉠

$x+5>0$에서 $x>-5$ ······ ㉡

㉠, ㉡에서 $x\geq1$ 답 (1) $x\geq-2$ (2) $x\geq1$

유제 1-1

$2x+6\geq0$에서 $x\geq-3$ ······ ㉠

$4-x>0$에서 $x<4$ ······ ㉡

㉠, ㉡에서 $-3\leq x<4$ 답 $-3\leq x<4$

대표예제 ②
$-1\le x<2$에서 $x-2<0$, $x+1\ge 0$이므로

$$\begin{aligned}\sqrt{x^2-4x+4}+\sqrt{x^2+2x+1}&=\sqrt{(x-2)^2}+\sqrt{(x+1)^2}\\&=|x-2|+|x+1|\\&=-(x-2)+(x+1)\\&=-x+2+x+1\\&=3\end{aligned}$$

답 3

유제 2-1
$-\frac{1}{2}\le a<1$에서 $a-1<0$, $2a+1\ge 0$이므로

$$\begin{aligned}\sqrt{a^2-2a+1}+\sqrt{4a^2+4a+1}&=\sqrt{(a-1)^2}+\sqrt{(2a+1)^2}\\&=|a-1|+|2a+1|\\&=-(a-1)+(2a+1)\\&=-a+1+2a+1\\&=a+2\end{aligned}$$

답 $a+2$

유제 2-2
$\frac{\sqrt{a}}{\sqrt{b}}=-\sqrt{\frac{a}{b}}$에서 $a>0$, $b<0$이므로 $a-b>0$, $b-a<0$

$$\begin{aligned}\therefore\ \sqrt{(a-b)^2}+\sqrt{(b-a)^2}&=|a-b|+|b-a|\\&=a-b-(b-a)\\&=a-b-b+a\\&=2a-2b\end{aligned}$$

따라서 $m=2$, $n=-2$이므로

$mn=2\times(-2)=-4$

답 $-4$

## 교과서 필수 개념 2 분모의 유리화

본문 ☞ 49쪽

대표예제 ③
(1) $$\begin{aligned}\frac{1}{\sqrt{x+1}+\sqrt{x-1}}&=\frac{\sqrt{x+1}-\sqrt{x-1}}{(\sqrt{x+1}+\sqrt{x-1})(\sqrt{x+1}-\sqrt{x-1})}\\&=\frac{\sqrt{x+1}-\sqrt{x-1}}{(x+1)-(x-1)}\\&=\frac{\sqrt{x+1}-\sqrt{x-1}}{2}\end{aligned}$$

(2) $$\begin{aligned}&\frac{\sqrt{x}-1}{\sqrt{x}+1}+\frac{\sqrt{x}+1}{\sqrt{x}-1}\\&=\frac{(\sqrt{x}-1)^2}{(\sqrt{x}+1)(\sqrt{x}-1)}+\frac{(\sqrt{x}+1)^2}{(\sqrt{x}-1)(\sqrt{x}+1)}\\&=\frac{x-2\sqrt{x}+1}{x-1}+\frac{x+2\sqrt{x}+1}{x-1}\\&=\frac{2x+2}{x-1}\end{aligned}$$

답 (1) $\frac{\sqrt{x+1}-\sqrt{x-1}}{2}$ (2) $\frac{2x+2}{x-1}$

유제 3-1
$$\begin{aligned}&\frac{x}{3+\sqrt{x+1}}+\frac{x}{3-\sqrt{x+1}}\\&=\frac{x(3-\sqrt{x+1})}{(3+\sqrt{x+1})(3-\sqrt{x+1})}+\frac{x(3+\sqrt{x+1})}{(3-\sqrt{x+1})(3+\sqrt{x+1})}\\&=\frac{x(3-\sqrt{x+1})}{9-(x+1)}+\frac{x(3+\sqrt{x+1})}{9-(x+1)}\\&=\frac{3x-x\sqrt{x+1}}{8-x}+\frac{3x+x\sqrt{x+1}}{8-x}\\&=\frac{6x}{8-x}\end{aligned}$$

답 $\frac{6x}{8-x}$

대표예제 ④
$$\begin{aligned}\frac{\sqrt{6+x}-\sqrt{6-x}}{\sqrt{6+x}+\sqrt{6-x}}&=\frac{(\sqrt{6+x}-\sqrt{6-x})^2}{(\sqrt{6+x}+\sqrt{6-x})(\sqrt{6+x}-\sqrt{6-x})}\\&=\frac{6+x-2\sqrt{(6+x)(6-x)}+6-x}{(6+x)-(6-x)}\\&=\frac{12-2\sqrt{36-x^2}}{2x}\\&=\frac{6-\sqrt{36-x^2}}{x}\end{aligned}$$

따라서 $x=\sqrt{11}$일 때, 구하는 식의 값은

$$\frac{6-\sqrt{36-x^2}}{x}=\frac{6-\sqrt{36-11}}{\sqrt{11}}=\frac{6-5}{\sqrt{11}}=\frac{1}{\sqrt{11}}=\frac{\sqrt{11}}{11}$$

답 $\frac{\sqrt{11}}{11}$

유제 4-1
$$\begin{aligned}\frac{\sqrt{1-x}}{\sqrt{1+x}}+\frac{\sqrt{1+x}}{\sqrt{1-x}}&=\frac{(\sqrt{1-x})^2}{\sqrt{1+x}\sqrt{1-x}}+\frac{(\sqrt{1+x})^2}{\sqrt{1-x}\sqrt{1+x}}\\&=\frac{1-x}{\sqrt{1-x^2}}+\frac{1+x}{\sqrt{1-x^2}}\\&=\frac{2}{\sqrt{1-x^2}}\end{aligned}$$

따라서 $x=\frac{2\sqrt{2}}{3}$일 때, 구하는 식의 값은

$$\frac{2}{\sqrt{1-x^2}}=\frac{2}{\sqrt{1-\frac{8}{9}}}=\frac{2}{\frac{1}{3}}=6$$

답 6

유제 4-2
$$\frac{\sqrt{x}+\sqrt{y}}{\sqrt{x}-\sqrt{y}}=\frac{(\sqrt{x}+\sqrt{y})^2}{(\sqrt{x}-\sqrt{y})(\sqrt{x}+\sqrt{y})}=\frac{x+2\sqrt{xy}+y}{x-y}$$

이때 $x+y=2\sqrt{5}$, $xy=2$이므로

$$\begin{aligned}(x-y)^2&=(x+y)^2-4xy\\&=(2\sqrt{5})^2-4\times 2\\&=20-8=12\end{aligned}$$

$x>y>0$에서 $x-y>0$이므로

$x-y=\sqrt{12}=2\sqrt{3}$

따라서 구하는 식의 값은

$$\frac{x+2\sqrt{xy}+y}{x-y}=\frac{2\sqrt{5}+2\sqrt{2}}{2\sqrt{3}}=\frac{\sqrt{5}+\sqrt{2}}{\sqrt{3}}=\frac{\sqrt{6}+\sqrt{15}}{3}$$

답 $\frac{\sqrt{6}+\sqrt{15}}{3}$

## 교과서 필수 개념 3 무리함수의 뜻

본문 ☞ 49쪽

대표예제 ⑤
(1) $x+2\ge 0$에서 $x\ge -2$
따라서 정의역은 $\{x|x\ge -2\}$

(2) $6-2x\ge 0$에서 $x\le 3$
따라서 정의역은 $\{x|x\le 3\}$

답 (1) $\{x|x\ge -2\}$ (2) $\{x|x\le 3\}$

유제 5-1
(1) $5x-10\ge 0$에서 $x\ge 2$
따라서 정의역은 $\{x|x\ge 2\}$

(2) $8-2x\geq 0$에서 $x\leq 4$

따라서 정의역은 $\{x\mid x\leq 4\}$

답 (1) $\{x\mid x\geq 2\}$ (2) $\{x\mid x\leq 4\}$

## 교과서 필수 개념 4 무리함수 $y=\pm\sqrt{ax}\ (a\neq 0)$의 그래프

본문 ☞ 50쪽

**대표예제 6** (1)

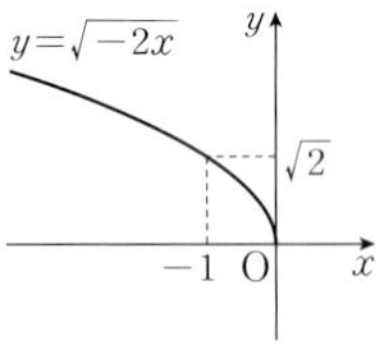


정의역: $\{x\mid x\leq 0\}$

치역: $\{y\mid y\geq 0\}$

(2)

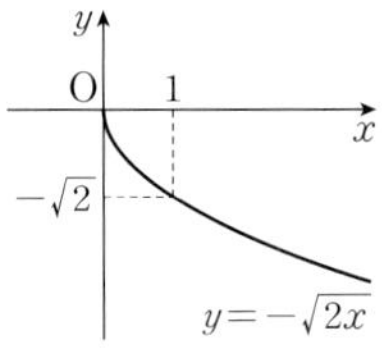


정의역: $\{x\mid x\geq 0\}$

치역: $\{y\mid y\leq 0\}$

답 풀이 참조

**유제 6-1** (1)~(4)의 무리함수의 그래프는 다음 그림과 같다.

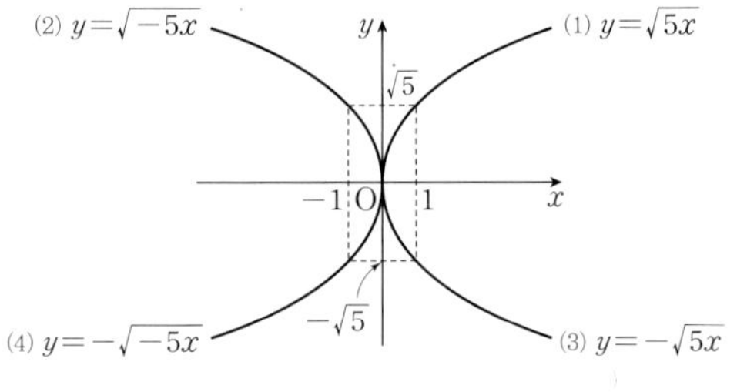


따라서 그래프가 $x$축에 대하여 대칭인 것끼리 짝 지으면 (1)과 (3), (2)와 (4)이다.

답 (1)과 (3), (2)와 (4)

**대표예제 7** ㄴ. 치역은 $\{y\mid y\geq 0\}$이다.

ㄷ. 그래프는 원점과 제1사분면을 지난다.

따라서 옳은 것은 ㄱ, ㄹ이다.

답 ㄱ, ㄹ

**유제 7-1** ① 정의역은 $\{x\mid x\geq 0\}$이다.

② 치역은 $\{y\mid y\leq 0\}$이다.

③ $|7|<|10|$이므로 함수 $y=-\sqrt{7x}$의 그래프는 함수 $y=-\sqrt{10x}$의 그래프보다 $x$축에 더 가깝다.

④ 그래프는 함수 $y=\sqrt{7x}$의 그래프와 $x$축에 대하여 대칭이다.

따라서 옳은 것은 ③, ⑤이다.

답 ③, ⑤

**Core 특강**

**대칭이동**

함수 $y=f(x)$의 그래프를

① $x$축에 대하여 대칭이동하면 $-y=f(x)$, 즉 $y=-f(x)$
└ $y$ 대신 $-y$ 대입

② $y$축에 대하여 대칭이동하면 $y=f(-x)$
└ $x$ 대신 $-x$ 대입

③ 원점에 대하여 대칭이동하면 $-y=f(-x)$, 즉 $y=-f(-x)$
└ $x$ 대신 $-x$, $y$ 대신 $-y$ 대입

## 교과서 필수 개념 5 무리함수 $y=\sqrt{a(x-p)}+q\ (a\neq 0)$의 그래프

본문 ☞ 51쪽

**대표예제 8** (1) $y=\sqrt{2x+4}+1=\sqrt{2(x+2)}+1$

즉, 함수 $y=\sqrt{2x+4}+1$의 그래프는 함수 $y=\sqrt{2x}$의 그래프를 $x$축의 방향으로 $-2$만큼, $y$축의 방향으로 1만큼 평행이동한 것이므로 오른쪽 그림과 같다.

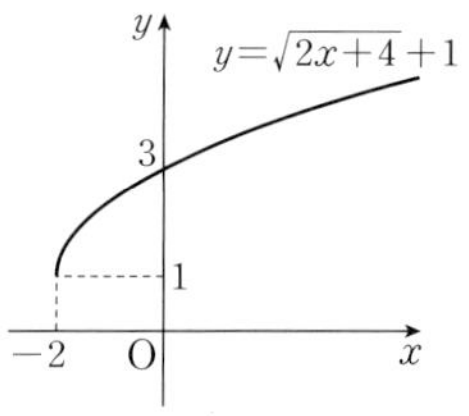


이때 정의역은 $\{x\mid x\geq -2\}$, 치역은 $\{y\mid y\geq 1\}$이다.

(2) $y=-\sqrt{3-x}-2=-\sqrt{-(x-3)}-2$

즉, 함수 $y=-\sqrt{3-x}-2$의 그래프는 함수 $y=-\sqrt{-x}$의 그래프를 $x$축의 방향으로 3만큼, $y$축의 방향으로 $-2$만큼 평행이동한 것이므로 오른쪽 그림과 같다.

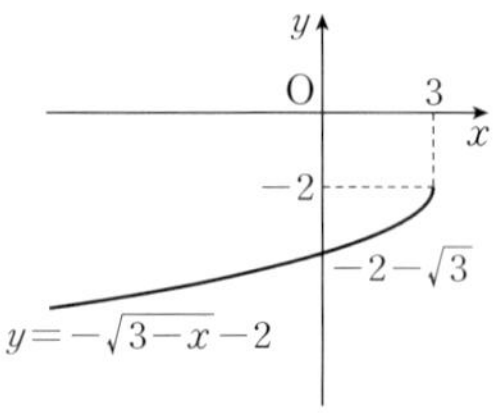


이때 정의역은 $\{x\mid x\leq 3\}$, 치역은 $\{y\mid y\leq -2\}$이다.

답 풀이 참조

**유제 8-1** (1) 함수 $y=-\sqrt{x-2}+3$의 그래프는 함수 $y=-\sqrt{x}$의 그래프를 $x$축의 방향으로 2만큼, $y$축의 방향으로 3만큼 평행이동한 것이므로 오른쪽 그림과 같다.

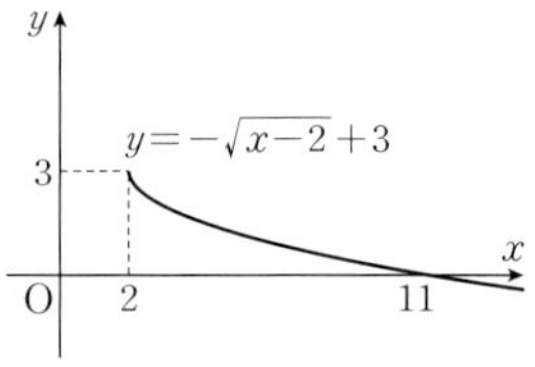


이때 정의역은 $\{x\mid x\geq 2\}$, 치역은 $\{y\mid y\leq 3\}$이다.

(2) $y=\sqrt{-3x+9}-1=\sqrt{-3(x-3)}-1$

즉, 함수 $y=\sqrt{-3x+9}-1$의 그래프는 함수 $y=\sqrt{-3x}$의 그래프를 $x$축의 방향으로 3만큼, $y$축의 방향으로 $-1$만큼 평행이동한 것이므로 오른쪽 그림과 같다.

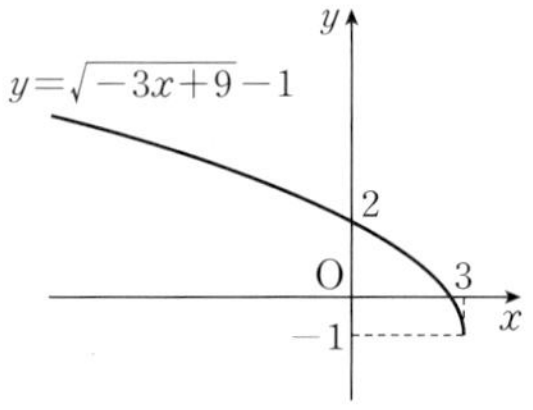


이때 정의역은 $\{x\mid x\leq 3\}$, 치역은 $\{y\mid y\geq -1\}$이다.

답 풀이 참조

**유제 8-2** 함수 $y=\sqrt{-5(x-4)}+1$의 그래프는 함수 $y=\sqrt{-5x}$의 그래프를 $x$축의 방향으로 4만큼, $y$축의 방향으로 1만큼 평행이동한 것이다.

$\therefore p=4,\ q=1$

답 $p=4,\ q=1$

**유제 8-3** 주어진 그래프는 함수 $y=\sqrt{ax}\ (a>0)$의 그래프를 $x$축의 방향으로 $-2$만큼, $y$축의 방향으로 $-1$만큼 평행이동한 것이므로

$b=2,\ c=-1$

따라서 함수 $y=\sqrt{a(x+2)}-1$의 그래프가 점 $(0,\ 1)$을 지나므로

$1=\sqrt{a(0+2)}-1$, $\sqrt{2a}=2$

$2a=4$

$\therefore a=2$ 　　답 $a=2$, $b=2$, $c=-1$

## 핵심 개념 & 공식 리뷰

본문 ☞ 52쪽

**01** (1) ○ (2) × (3) ○ (4) × (5) ○ (6) ○ (7) ×

**02** (1) $x\le 7$ (2) $x>2$ (3) $0\le x<4$ (4) $3\le x<5$

**03** (1) $\sqrt{x+1}+\sqrt{x}$ (2) $\dfrac{a+b}{a-b}$

**04** 풀이 참조

**05** (1) $a>0$, $b>0$, $c<0$ (2) $a<0$, $b<0$, $c<0$

**02** (1) $-x+7\ge 0$에서 $x\le 7$

(2) $3x-6>0$에서 $x>2$

(3) $x\ge 0$, $4-x>0$에서 $x<4$이므로

$0\le x<4$

(4) $x-3\ge 0$에서 $x\ge 3$, $5-x>0$에서 $x<5$이므로

$3\le x<5$

**03** (1) $\dfrac{1}{\sqrt{x+1}-\sqrt{x}}=\dfrac{\sqrt{x+1}+\sqrt{x}}{(\sqrt{x+1}-\sqrt{x})(\sqrt{x+1}+\sqrt{x})}$

$=\dfrac{\sqrt{x+1}+\sqrt{x}}{x+1-x}=\sqrt{x+1}+\sqrt{x}$

(2) $\dfrac{\sqrt{a}}{\sqrt{a}+\sqrt{b}}+\dfrac{\sqrt{b}}{\sqrt{a}-\sqrt{b}}$

$=\dfrac{\sqrt{a}(\sqrt{a}-\sqrt{b})}{(\sqrt{a}+\sqrt{b})(\sqrt{a}-\sqrt{b})}+\dfrac{\sqrt{b}(\sqrt{a}+\sqrt{b})}{(\sqrt{a}-\sqrt{b})(\sqrt{a}+\sqrt{b})}$

$=\dfrac{a-\sqrt{ab}+\sqrt{ab}+b}{(\sqrt{a}+\sqrt{b})(\sqrt{a}-\sqrt{b})}=\dfrac{a+b}{a-b}$

**04** (1)

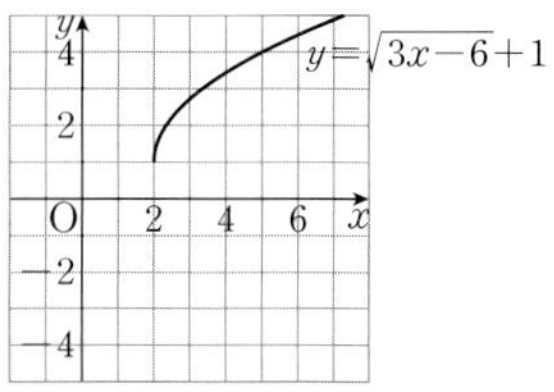


정의역: $\{x\mid x\ge 2\}$

치역: $\{y\mid y\ge 1\}$

(2)

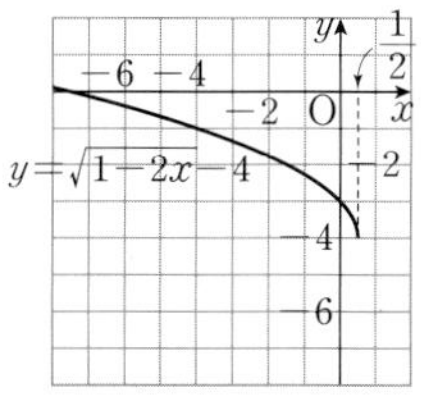


정의역: $\left\{x\,\middle|\,x\le \dfrac{1}{2}\right\}$

치역: $\{y\mid y\ge -4\}$

(3)

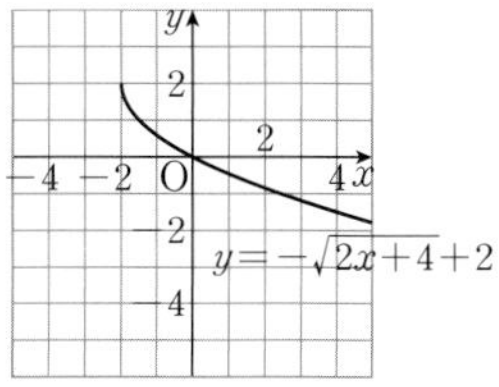


정의역: $\{x\mid x\ge -2\}$

치역: $\{y\mid y\le 2\}$

(4)

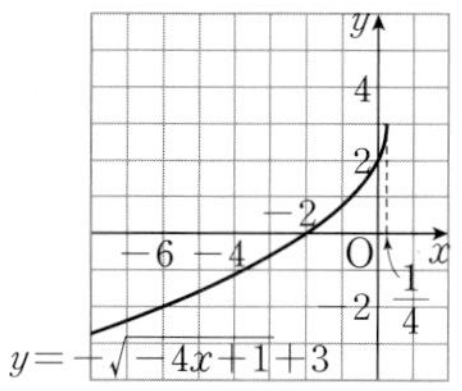


정의역: $\left\{x\,\middle|\,x\le \dfrac{1}{4}\right\}$

치역: $\{y\mid y\le 3\}$

**05** (1) 주어진 함수의 그래프는 $y=\sqrt{ax}$ $(a>0)$의 그래프를 $x$축의 방향으로 $p$만큼, $y$축의 방향으로 $q$만큼 평행이동한 것이므로

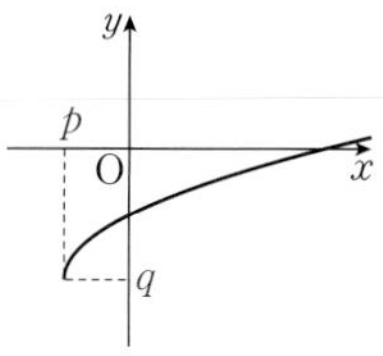

$y=\sqrt{a(x-p)}+q$

이 함수가 $y=\sqrt{a(x+b)}+c$와 같으므로 $b=-p$, $c=q$

이때 $p<0$, $q<0$이므로 $a>0$, $b>0$, $c<0$

(2) 주어진 함수의 그래프는 $y=-\sqrt{ax}$ $(a<0)$의 그래프를 $x$축의 방향으로 $p$만큼, $y$축의 방향으로 $q$만큼 평행이동한 것이므로

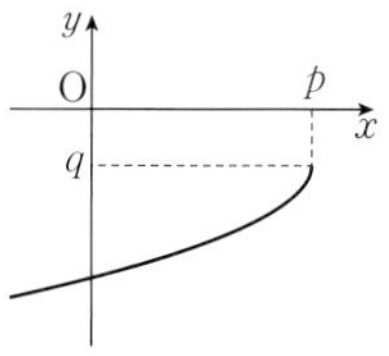

$y=-\sqrt{a(x-p)}+q$

이 함수가 $y=-\sqrt{a(x+b)}+c$와 같으므로 $b=-p$, $c=q$

이때 $p>0$, $q<0$이므로 $a<0$, $b<0$, $c<0$

## 빈출 문제로 실전 연습

본문 ☞ 53~54쪽

| | | | | | |
|---|---|---|---|---|---|
| **01** ④ | **02** 4 | **03** 3 | **04** ① | **05** ④ | **06** ① |
| **07** ② | **08** ③ | **09** ② | **10** 3 | **11** 121 | **12** $\sqrt{2}$ |
| **13** 1 | | | | | |

**01** $\sqrt{-2x^2-3x+9}$의 값이 실수가 되려면 $-2x^2-3x+9\ge 0$이어야 하므로

$2x^2+3x-9\le 0$, $(x+3)(2x-3)\le 0$

$\therefore -3\le x\le \dfrac{3}{2}$

따라서 정수 $x$는 $-3$, $-2$, $-1$, $0$, $1$의 5개이다. 　　답 ④

**02** $x=2+\sqrt{3}$, $y=2-\sqrt{3}$에서 $x+y=4$, $xy=1$이므로

$\dfrac{\sqrt{y}}{\sqrt{x}}+\dfrac{\sqrt{x}}{\sqrt{y}}=\dfrac{y}{\sqrt{xy}}+\dfrac{x}{\sqrt{xy}}=\dfrac{x+y}{\sqrt{xy}}=\dfrac{4}{\sqrt{1}}=4$ 　　답 4

**03** 함수 $y=\sqrt{x+2}$의 그래프를 $x$축에 대하여 대칭이동하면

$-y=\sqrt{x+2}$, 즉 $y=-\sqrt{x+2}$

이 함수의 그래프를 $x$축의 방향으로 1만큼, $y$축의 방향으로 5만큼 평행이동하면

$y=-\sqrt{(x-1)+2}+5=-\sqrt{x+1}+5$

이 함수의 그래프가 점 $(3, k)$를 지나므로

$k=-\sqrt{3+1}+5=-2+5=3$ 　　답 3

**04** $y=\sqrt{-x+5}+1=\sqrt{-(x-5)}+1$

함수 $y=\sqrt{-x+5}+1$의 그래프는 함수 $y=\sqrt{-x}$의 그래프를 $x$축의 방향으로 5만큼, $y$축의 방향으로 1만큼 평행이동한 것이다.

즉, $1\le x\le 4$에서 함수 $y=\sqrt{-x+5}+1$의 그래프는 오른쪽 그림과 같다.

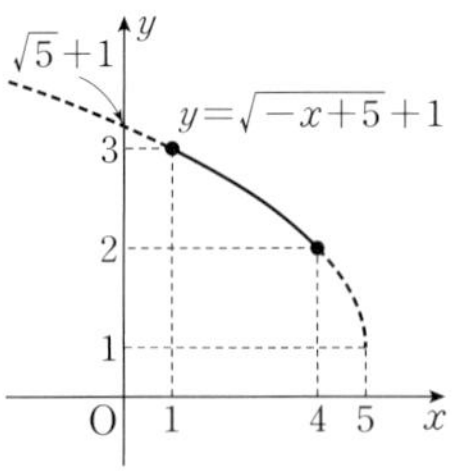


따라서 $x=1$일 때, 최댓값은 $M=\sqrt{-1+5}+1=3$

$x=4$일 때, 최솟값은 $m=\sqrt{-4+5}+1=2$

$\therefore M+m=5$

답 ①

**05** 함수 $y=\sqrt{2x+a}+1$의 그래프가 점 $(0, 2)$를 지나므로

$2=\sqrt{0+a}+1$, $\sqrt{a}=1$

$\therefore a=1$

또, 함수 $y=\sqrt{2x+1}+1$의 치역은 $\{y\,|\,y\ge 1\}$이므로

$b=1$

$\therefore a+b=2$

답 ④

**06** ㄱ. $y=\sqrt{3-3x}-2=\sqrt{-3(x-1)}-2$

즉, 함수 $y=\sqrt{3-3x}-2$의 그래프는 함수 $y=\sqrt{-3x}$의 그래프를 $x$축의 방향으로 1만큼, $y$축의 방향으로 $-2$만큼 평행이동한 것이다.

ㄴ. 정의역은 $\{x\,|\,x\le 1\}$, 치역은 $\{y\,|\,y\ge -2\}$이다.

ㄷ. 함수 $y=\sqrt{3-3x}-2$의 그래프는 오른쪽 그림과 같으므로 제3사분면을 지난다.

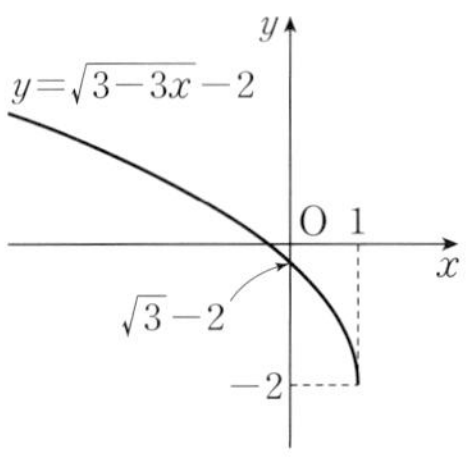


따라서 옳은 것은 ㄱ뿐이다.

답 ①

**07** 주어진 그래프는 함수 $y=-\sqrt{ax}\ (a>0)$의 그래프를 $x$축의 방향으로 $-2$만큼, $y$축의 방향으로 $-1$만큼 평행이동한 것이므로 주어진 함수의 식은

$y=-\sqrt{a(x+2)}-1$

이 함수의 그래프가 점 $(0, -2)$를 지나므로

$-2=-\sqrt{a(0+2)}-1$

$\sqrt{2a}=1$, $2a=1$ $\quad\therefore a=\dfrac{1}{2}$

따라서 $y=-\sqrt{\dfrac{1}{2}(x+2)}-1=-\sqrt{\dfrac{1}{2}x+1}-1$이므로

$a=\dfrac{1}{2}$, $b=1$, $c=-1$

$\therefore a+b+c=\dfrac{1}{2}$

답 ②

**08** $f^{-1}(4)=k$로 놓으면 $f(k)=4$이므로

$\sqrt{-k+1}+2=4$, $\sqrt{-k+1}=2$

양변을 제곱하면

$-k+1=4$ $\quad\therefore k=-3$

답 ③

**Core 특강**

**역함수의 함숫값**

함수 $y=f(x)$의 역함수 $y=f^{-1}(x)$가 존재할 때,

$b=f(a) \Longleftrightarrow a=f^{-1}(b)$

**09** $(f\circ(g\circ f)^{-1}\circ f)(5)=(f\circ f^{-1}\circ g^{-1}\circ f)(5)$

$=(g^{-1}\circ f)(5)$

$=g^{-1}(f(5))$

이때 $f(5)=\dfrac{5+3}{5-1}=2$이므로

$g^{-1}(f(5))=g^{-1}(2)$

$g^{-1}(2)=k$로 놓으면 $g(k)=2$이므로

$\sqrt{6k-5}=2$, $6k-5=4$

$6k=9$ $\quad\therefore k=\dfrac{3}{2}$

$\therefore (f\circ(g\circ f)^{-1}\circ f)(5)=\dfrac{3}{2}$

답 ②

**10** $y=\sqrt{2x-4}=\sqrt{2(x-2)}$

즉, 함수 $y=\sqrt{2x-4}$의 그래프는 함수 $y=\sqrt{2x}$의 그래프를 $x$축의 방향으로 2만큼 평행이동한 것이고, 직선 $y=x+k$는 기울기가 1, $y$절편이 $k$인 직선이므로 오른쪽 그림과 같다.

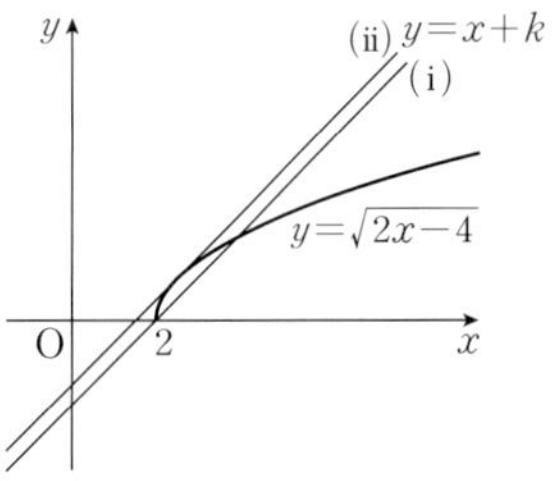


(i) 직선 $y=x+k$가 점 $(2, 0)$을 지날 때

$0=2+k$ $\quad\therefore k=-2$

(ii) 함수 $y=\sqrt{2x-4}$의 그래프와 직선 $y=x+k$가 접할 때

$\sqrt{2x-4}=x+k$에서 양변을 제곱하면

$2x-4=(x+k)^2$

$\therefore x^2+2(k-1)x+k^2+4=0$

이 이차방정식의 판별식을 $D$라 하면

$\dfrac{D}{4}=(k-1)^2-(k^2+4)=0$

$k^2-2k+1-k^2-4=0$, $2k=-3$

$\therefore k=-\dfrac{3}{2}$

(i), (ii)에 의하여 함수 $y=\sqrt{2x-4}$의 그래프와 직선 $y=x+k$가 서로 다른 두 점에서 만나도록 하는 $k$의 값의 범위는

$-2\le k<-\dfrac{3}{2}$

따라서 $a=-2$, $b=-\dfrac{3}{2}$이므로

$ab=3$

답 3

**Core 특강**

**무리함수의 그래프와 직선의 위치 관계**

무리함수 $y=f(x)$의 그래프와 직선 $y=g(x)$의 위치 관계를 따질 때에는

(i) 무리함수 $y=f(x)$의 그래프와 직선 $y=g(x)$를 움직여 보면서 위치 관계를 살핀다.

(ii) 무리함수 $y=f(x)$의 그래프와 직선 $y=g(x)$가 접할 때, $f(x)=g(x)$를 정리하여 얻은 이차방정식의 판별식 $D=0$임을 이용한다.

**11** $f(x)=\sqrt{x}+\sqrt{x-1}$이므로

$$\frac{1}{f(x)}=\frac{1}{\sqrt{x}+\sqrt{x-1}}$$
$$=\frac{\sqrt{x}-\sqrt{x-1}}{(\sqrt{x}+\sqrt{x-1})(\sqrt{x}-\sqrt{x-1})}$$
$$=\frac{\sqrt{x}-\sqrt{x-1}}{x-(x-1)}$$
$$=\sqrt{x}-\sqrt{x-1}$$

$$\therefore \frac{1}{f(2)}+\frac{1}{f(3)}+\frac{1}{f(4)}+\cdots+\frac{1}{f(k)}$$
$$=(\sqrt{2}-1)+(\sqrt{3}-\sqrt{2})+(\sqrt{4}-\sqrt{3})+\cdots+(\sqrt{k}-\sqrt{k-1})$$
$$=\sqrt{k}-1$$

따라서 $\sqrt{k}-1=10$에서 $\sqrt{k}=11$

$\therefore k=121$

답 121

**12** 함수 $y=\sqrt{x-2}+2$의 그래프는 함수 $y=\sqrt{x}$의 그래프를 $x$축의 방향으로 2만큼, $y$축의 방향으로 2만큼 평행이동한 것이다.

이때 함수 $y=f(x)$의 그래프와 그 역함수 $y=f^{-1}(x)$의 그래프는 직선 $y=x$에 대하여 대칭이므로 오른쪽 그림과 같이 두 함수 $y=f(x)$와 $y=f^{-1}(x)$의 그래프의 교점은 함수 $y=\sqrt{x-2}+2$의 그래프와 직선 $y=x$의 교점과 같다.

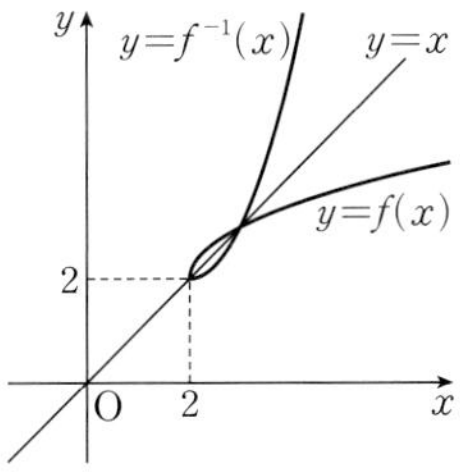


$\sqrt{x-2}+2=x$에서 $\sqrt{x-2}=x-2$

양변을 제곱하면 $x-2=(x-2)^2$

$x^2-5x+6=0$, $(x-2)(x-3)=0$

$\therefore x=2$ 또는 $x=3$

따라서 두 점 P, Q의 좌표는 $(2, 2)$, $(3, 3)$이므로

$\overline{\text{PQ}}=\sqrt{(3-2)^2+(3-2)^2}=\sqrt{2}$

답 $\sqrt{2}$

**13** 삼각형 OAP의 넓이가 최대가 되려면 오른쪽 그림과 같이 점 P가 직선 OA와 평행하고 곡선 $y=\sqrt{x}$에 접하는 직선의 접점이어야 한다.

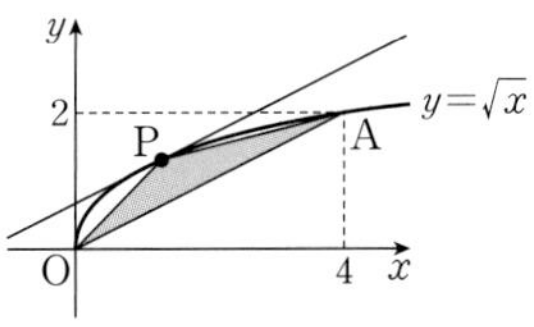


직선 OA의 방정식은 $y=\frac{1}{2}x$ …… ㉠

직선 ㉠에 평행하고 곡선 $y=\sqrt{x}$에 접하는 직선의 방정식을 $y=\frac{1}{2}x+k$ ($k$는 상수)로 놓자.

$\sqrt{x}=\frac{1}{2}x+k$에서 양변을 제곱하면

$$x=\left(\frac{1}{2}x+k\right)^2$$

$\therefore x^2+4(k-1)x+4k^2=0$

이 이차방정식의 판별식을 $D$라 하면

$$\frac{D}{4}=4(k-1)^2-4k^2=0$$

$4k^2-8k+4-4k^2=0$, $-8k=-4$

$\therefore k=\frac{1}{2}$

따라서 접선의 방정식은 $y=\frac{1}{2}x+\frac{1}{2}$

이때 삼각형 OAP의 넓이가 최대가 될 때의 높이는 두 직선 $y=\frac{1}{2}x$, $y=\frac{1}{2}x+\frac{1}{2}$ 사이의 거리와 같다. 즉, 직선 $y=\frac{1}{2}x$ 위의 원점 $(0, 0)$과 직선 $y=\frac{1}{2}x+\frac{1}{2}$, 즉 $x-2y+1=0$ 사이의 거리와 같으므로

$$\frac{1}{\sqrt{1^2+(-2)^2}}=\frac{1}{\sqrt{5}}$$

따라서 삼각형 OAP의 넓이의 최댓값은

$$\frac{1}{2}\times\overline{\text{OA}}\times\frac{1}{\sqrt{5}}=\frac{1}{2}\times\sqrt{4^2+2^2}\times\frac{1}{\sqrt{5}}=\frac{1}{2}\times2\sqrt{5}\times\frac{1}{\sqrt{5}}=1$$

답 1

Ⅲ. 경우의 수

# 08강 순열과 조합

## 교과서 필수 개념 1 합의 법칙

본문 ☞ 55쪽

**대표예제 ①** 탄산음료를 택하는 경우의 수는 3, 우유를 택하는 경우의 수는 5이므로 구하는 경우의 수는

$3+5=8$

답 8

**유제 1-1** 남학생을 대표로 뽑는 경우의 수는 3, 여학생을 대표로 뽑는 경우의 수는 7이므로 구하는 경우의 수는

$3+7=10$

답 10

**유제 1-2** 서로 다른 두 개의 주사위를 던질 때, 나오는 눈의 수의 합이 4의 배수인 경우는 눈의 수의 합이 4 또는 8 또는 12인 경우이다.

서로 다른 두 개의 주사위를 던질 때 나오는 눈의 수를 각각 $a$, $b$라 하면 각 경우에서의 $a$, $b$의 순서쌍 $(a, b)$는 다음과 같다.

(ⅰ) 눈의 수의 합이 4인 경우

(1, 3), (2, 2), (3, 1)의 3가지

(ⅱ) 눈의 수의 합이 8인 경우

(2, 6), (3, 5), (4, 4), (5, 3), (6, 2)의 5가지

(ⅲ) 눈의 수의 합이 12인 경우

(6, 6)의 1가지

(ⅰ), (ⅱ), (ⅲ)에 의하여 눈의 수의 합이 4의 배수인 경우의 수는

$3+5+1=9$

답 9

대표예제 ②

(ⅰ) $z=1$일 때, $x+2y=12$이므로 순서쌍 $(x, y)$는

(10, 1), (8, 2), (6, 3), (4, 4), (2, 5)의 5개

(ⅱ) $z=2$일 때, $x+2y=9$이므로 순서쌍 $(x, y)$는

(7, 1), (5, 2), (3, 3), (1, 4)의 4개

(ⅲ) $z=3$일 때, $x+2y=6$이므로 순서쌍 $(x, y)$는

(4, 1), (2, 2)의 2개

(ⅳ) $z=4$일 때, $x+2y=3$이므로 순서쌍 $(x, y)$는

(1, 1)의 1개

(ⅰ)~(ⅳ)에 의하여 구하는 순서쌍 $(x, y)$의 개수는

$5+4+2+1=12$

답 12

**Core 특강**

**방정식의 자연수인 해의 개수**

방정식 $ax+by+cz=d$ ($a, b, c, d$는 상수)를 만족시키는 자연수 $x, y, z$의 순서쌍 $(x, y, z)$의 개수를 구할 때에는 먼저 $x, y, z$ 중 한 미지수에 수를 대입하여 미지수가 2개인 방정식으로 만든다.

이때 $x, y, z$ 중 계수의 절댓값이 큰 것부터 수를 대입하면 편리하다.

유제 2-1

$x, y$는 자연수이므로 $x+y\geq 2$이다.

즉, $2\leq x+y\leq 4$를 만족시키는 순서쌍 $(x, y)$는

(ⅰ) $x+y=2$일 때

(1, 1)의 1개

(ⅱ) $x+y=3$일 때

(1, 2), (2, 1)의 2개

(ⅲ) $x+y=4$일 때

(1, 3), (2, 2), (3, 1)의 3개

(ⅰ), (ⅱ), (ⅲ)에 의하여 구하는 순서쌍 $(x, y)$의 개수는

$1+2+3=6$

답 6

## 교과서 필수 개념 2 곱의 법칙

본문 ☞ 56쪽

대표예제 ③

십의 자리에 올 수 있는 홀수는 1, 3, 5, 7, 9의 5가지,

일의 자리에 올 수 있는 홀수는 1, 3, 5, 7, 9의 5가지이다.

따라서 구하는 자연수의 개수는

$5\times 5=25$

답 25

유제 3-1

학교에서 도서관까지 가는 경로 중 하나를 택하는 방법이 4가지,

도서관에서 집까지 가는 경로 중 하나를 택하는 방법이 3가지이다.

따라서 구하는 방법의 수는

$4\times 3=12$

답 12

유제 3-2

(1) $(a+b+c)(p+q+r)$의 전개식에서 항은 $a, b, c$ 중 1개와 $p, q, r$ 중 1개의 곱이므로 구하는 항의 개수는

$3\times 3=9$

(2) $(a+b)(p+q+r)(x+y+z)$의 전개식에서 항은 $a, b$ 중 1개와 $p, q, r$ 중 1개와 $x, y, z$ 중 1개의 곱이므로 구하는 항의 개수는

$2\times 3\times 3=18$

답 (1) 9 (2) 18

대표예제 ④

144를 소인수분해하면

$144=2^4\times 3^2$

이므로 144의 양의 약수의 개수는

$(4+1)\times(2+1)=15$

답 15

참고 144의 양의 약수는 $2^4$의 양의 약수와 $3^2$의 양의 약수에서 각각 1개씩 택하여 곱한 것이므로 다음 표와 같이 구할 수 있다.

| $3^2$의 약수 / $2^4$의 약수 | 1 | 3 | $3^2$ |
|---|---|---|---|
| 1 | $1\times 1$ | $1\times 3$ | $1\times 3^2$ |
| 2 | $2\times 1$ | $2\times 3$ | $2\times 3^2$ |
| $2^2$ | $2^2\times 1$ | $2^2\times 3$ | $2^2\times 3^2$ |
| $2^3$ | $2^3\times 1$ | $2^3\times 3$ | $2^3\times 3^2$ |
| $2^4$ | $2^4\times 1$ | $2^4\times 3$ | $2^4\times 3^2$ |

유제 4-1

(1) 72를 소인수분해하면

$72=2^3\times 3^2$

이므로 72의 양의 약수의 개수는

$(3+1)\times(2+1)=12$

(2) 250을 소인수분해하면

$250=2\times 5^3$

이므로 250의 양의 약수의 개수는

$(1+1)\times(3+1)=8$

답 (1) 12 (2) 8

대표예제 ⑤

A에 칠할 수 있는 색은 3가지,

B에 칠할 수 있는 색은 A에 칠한 색을 제외한 2가지,

C에 칠할 수 있는 색은 B에 칠한 색을 제외한 2가지이다.

따라서 구하는 방법의 수는

$3\times 2\times 2=12$

답 12

유제 5-1

A에 칠할 수 있는 색은 4가지,

B에 칠할 수 있는 색은 A에 칠한 색을 제외한 3가지,

C에 칠할 수 있는 색은 A와 B에 칠한 색을 제외한 2가지,

D에 칠할 수 있는 색은 A와 C에 칠한 색을 제외한 2가지이다.

따라서 구하는 방법의 수는

$4\times 3\times 2\times 2=48$

답 48

## 교과서 필수 개념 3 순열

본문 ☞ 57쪽

**대표예제 6** ${}_{n}P_{2}=n(n-1)=42$에서 $42=7\times6$이므로

$n=7$

답 7

**유제 6-1** $120=6\times5\times4$이므로 ${}_{6}P_{3}=120$

$\therefore r=3$

답 3

**대표예제 7** 천의 자리에 올 수 있는 숫자는 0을 제외한 1, 2, 3, 4, 5의 5가지이고, 백의 자리, 십의 자리, 일의 자리에 올 수 있는 숫자를 택하는 경우의 수는 천의 자리에 사용한 숫자를 제외한 5개의 숫자에서 3개를 택하는 순열의 수와 같으므로

${}_{5}P_{3}=5\times4\times3=60$

따라서 구하는 네 자리 자연수의 개수는

$5\times60=300$

답 300

**유제 7-1** 회장으로 뽑히는 A를 제외한 B, C, D, E의 4명 중에서 부회장 1명, 총무 1명을 뽑으면 된다.

따라서 구하는 경우의 수는 서로 다른 4개에서 2개를 택하는 순열의 수와 같으므로

${}_{4}P_{2}=4\times3=12$

답 12

**유제 7-2** 여학생 2명을 한 묶음으로 생각하여 5명을 일렬로 세우는 경우의 수는

$5!=120$

여학생 2명이 서로 자리를 바꾸는 경우의 수는

$2!=2$

따라서 구하는 경우의 수는

$120\times2=240$

답 240

## 교과서 필수 개념 4 조합

본문 ☞ 58쪽

**대표예제 8** ${}_{n}C_{2}=\dfrac{n(n-1)}{2\times1}=6$에서 $n(n-1)=12=4\times3$

$\therefore n=4$

답 4

**유제 8-1** ${}_{8}C_{2}={}_{8}C_{8-2}={}_{8}C_{6}$이므로

$r=6$

답 6

**대표예제 9** 남학생 5명 중에서 2명을 뽑는 경우의 수는

${}_{5}C_{2}=\dfrac{5\times4}{2\times1}=10$

여학생 7명 중에서 3명을 뽑는 경우의 수는

${}_{7}C_{3}=\dfrac{7\times6\times5}{3\times2\times1}=35$

따라서 구하는 경우의 수는

$10\times35=350$

답 350

**유제 9-1** (1) 전체 11명 중에서 3명을 뽑는 경우의 수는

${}_{11}C_{3}=\dfrac{11\times10\times9}{3\times2\times1}=165$

(2) 농구 선수 5명 중에서 1명을 뽑는 경우의 수는

${}_{5}C_{1}=5$

배구 선수 6명 중에서 2명을 뽑는 경우의 수

${}_{6}C_{2}=\dfrac{6\times5}{2\times1}=15$

따라서 구하는 경우의 수는

$5\times15=75$

답 (1) 165 (2) 75

**유제 9-2** 소수가 적힌 카드가 포함되지 않도록 택하려면 9장의 카드 중에서 소수 2, 3, 5, 7이 적힌 4장의 카드를 제외한 나머지 5장의 카드에서 3장을 택하면 된다.

따라서 구하는 경우의 수는 서로 다른 5개에서 3개를 택하는 조합의 수와 같으므로

${}_{5}C_{3}={}_{5}C_{2}=\dfrac{5\times4}{2\times1}=10$

답 10

## 핵심 개념 & 공식 리뷰

본문 ☞ 59쪽

**01** (1) $m+n$ (2) $m\times n$ (3) 1, 1, $n$ (4) 1, 1 (5) $n-r$ (6) ${}_{n-1}C_{r}$

**02** (1) 곱 (2) 합 (3) 곱 (4) 곱 (5) 합

**03** (1) C (2) P (3) C (4) P (5) C

**04** (1) 72 (2) 120 (3) 24 (4) 1 (5) 35 (6) 210

**05** (1) 4 (2) 2 (3) 6 (4) 2

**04** (1) ${}_{9}P_{2}=9\times8=72$

(2) ${}_{5}P_{4}=5\times4\times3\times2=120$

(3) $4!=4\times3\times2\times1=24$

(5) ${}_{7}C_{3}=\dfrac{7\times6\times5}{3\times2\times1}=35$

(6) ${}_{21}C_{19}={}_{21}C_{2}=\dfrac{21\times20}{2\times1}=210$

**05** (1) ${}_{n}P_{3}=n(n-1)(n-2)=24$에서 $24=4\times3\times2$이므로

$n=4$

(2) ${}_{7}P_{r}=42$에서 $42=7\times6$이므로 $r=2$

(3) ${}_{n}C_{2}=\dfrac{n(n-1)}{2\times1}=15$에서 $n(n-1)=30=6\times5$

$\therefore n=6$

(4) ${}_{4}C_{r}=6$에서 $\dfrac{4!}{r!(4-r)!}=6$

$4!=6\times r!(4-r)!$, $4=r!(4-r)!$

$2\times2=r!(4-r)!$ $\therefore r=2$

## 빈출 문제로 실전 연습

본문 ☞ 60~61쪽

| | | | | | |
|---|---|---|---|---|---|
| **01** ③ | **02** ④ | **03** ② | **04** ④ | **05** ③ | **06** 48 |
| **07** 480 | **08** ③ | **09** ③ | **10** 60 | **11** 64 | **12** ④ |
| **13** ③ | **14** 90 | | | | |

**01** $6 \le 3x+y \le 10$을 만족시키는 자연수 $x$, $y$의 순서쌍 $(x, y)$는

(i) $3x+y=6$일 때, $(1, 3)$의 1개

(ii) $3x+y=7$일 때, $(1, 4)$, $(2, 1)$의 2개

(iii) $3x+y=8$일 때, $(1, 5)$, $(2, 2)$의 2개

(iv) $3x+y=9$일 때, $(1, 6)$, $(2, 3)$의 2개

(v) $3x+y=10$일 때, $(1, 7)$, $(2, 4)$, $(3, 1)$의 3개

(i)~(v)에 의하여 구하는 순서쌍 $(x, y)$의 개수는

$1+2+2+2+3=10$

답 ③

**02** 1부터 100까지의 자연수 중에서

(i) 9로 나누어떨어지는 수, 즉 9의 배수는

9, 18, 27, ⋯, 99의 11개

(ii) 13으로 나누어떨어지는 수, 즉 13의 배수는

13, 26, 39, ⋯, 91의 7개

(i), (ii)에서 9 또는 13으로 나누어떨어지는 자연수의 개수는

$11+7=18$

이므로 9와 13으로 모두 나누어떨어지지 않는 자연수의 개수는

$100-18=82$

답 ④

**03** (i) A → B → D로 가는 방법의 수는 $2 \times 2=4$

(ii) A → C → D로 가는 방법의 수는 $4 \times 3=12$

(i), (ii)에 의하여 구하는 방법의 수는 $4+12=16$

답 ②

**04** 100원짜리 동전 1개로 지불할 수 있는 방법은

0개, 1개의 2가지

500원짜리 동전 3개로 지불할 수 있는 방법은

0개, 1개, 2개, 3개의 4가지

이때 0원을 지불하는 경우는 제외해야 하므로 지불할 수 있는 방법의 수는

$2 \times 4-1=7$

답 ④

**Core 특강**

**지불 방법과 지불 금액의 수**

(1) 지불 방법의 수: 0원을 지불하는 경우를 제외하고 500원짜리 동전 $a$개, 100원짜리 동전 $b$개, 10원짜리 동전 $c$개로 지불할 수 있는 방법의 수는

$(a+1)(b+1)(c+1)-1$

(2) 지불 금액의 수: 서로 다른 금액의 동전으로 지불할 수 있는 금액이 같으면 금액이 큰 동전을 금액이 작은 동전으로 바꾸어 생각한다.

예 1000원짜리 지폐 1장과 500원짜리 동전 3개로 지불할 수 있는 금액은 1000원짜리 지폐 1장을 500원짜리 동전 2개로 바꾸어 생각하면 500원짜리 동전은 모두 5개이다. 이때 만들 수 있는 금액은 0원, 500원, 1000원, 1500원, 2000원, 2500원의 6가지이므로 0원을 지불하는 경우를 제외하면 지불할 수 있는 금액의 수는 $6-1=5$이다.

**05** ${}_n\mathrm{P}_4=n(n-1)(n-2)(n-3)$, ${}_n\mathrm{P}_2=n(n-1)$이므로

$n(n-1)(n-2)(n-3)-20n(n-1)=0$

$n \ge 4$이므로 양변을 $n(n-1)$로 나누면

$(n-2)(n-3)-20=0$

$n^2-5n-14=0$

$(n+2)(n-7)=0$

$\therefore n=7$ ($\because n$은 자연수)

답 ③

**06** 소설책 2권을 양 끝에 꽂는 경우의 수는

$2!=2$

시집 4권을 소설책 사이에 일렬로 꽂는 경우의 수는

$4!=24$

따라서 구하는 경우의 수는

$2 \times 24=48$

답 48

**07** 자음 $b$, $c$, $d$, $f$를 일렬로 나열하는 경우의 수는

$4!=24$

나열된 자음 사이사이와 양 끝에 $a$와 $e$를 나열하는 경우의 수는 오른쪽 그림에서 5개의 ∨자리 중에서 2개를 택하여 $a$와 $e$를 나열하는 경우의 수와 같으므로

∨ $b$ ∨ $c$ ∨ $d$ ∨ $f$ ∨

${}_5\mathrm{P}_2=5 \times 4=20$

따라서 구하는 경우의 수는

$24 \times 20=480$

답 480

**08** 32000보다 큰 수는

32□□□, 34□□□, 4□□□□

꼴이다.

(i) 32□□□ 꼴인 수의 개수

만의 자리, 천의 자리를 제외한 나머지 세 자리에 0, 1, 4를 일렬로 나열하는 순열의 수와 같으므로

$3!=3 \times 2 \times 1=6$

(ii) 34□□□ 꼴인 수의 개수

만의 자리, 천의 자리를 제외한 나머지 세 자리에 0, 1, 2를 일렬로 나열하는 순열의 수와 같으므로

$3!=3 \times 2 \times 1=6$

(iii) 4□□□□ 꼴인 수의 개수

만의 자리를 제외한 나머지 네 자리에 0, 1, 2, 3을 일렬로 나열하는 순열의 수와 같으므로

$4!=4 \times 3 \times 2 \times 1=24$

(i), (ii), (iii)에 의하여 구하는 자연수의 개수는

$6+6+24=36$

답 ③

**09** ${}_9\mathrm{C}_4+{}_9\mathrm{C}_5+{}_{10}\mathrm{C}_6={}_{10}\mathrm{C}_5+{}_{10}\mathrm{C}_6={}_{11}\mathrm{C}_6$

$\therefore n=11$

답 ③

참고 ${}_n\mathrm{C}_r={}_{n-1}\mathrm{C}_{r-1}+{}_{n-1}\mathrm{C}_r$ $(1 \le r < n)$가 성립한다.

**10** 구하는 평행사변형의 개수는 가로로 평행한 5개의 직선 중에서 2개를 택하고, 세로로 평행한 4개의 직선 중에서 2개를 택하는 방법의 수와 같으므로

$_5C_2 \times {_4C_2} = \frac{5 \times 4}{2 \times 1} \times \frac{4 \times 3}{2 \times 1} = 60$ 답 60

**11** 전체 10명 중에서 대표 3명을 뽑는 경우의 수는

$_{10}C_3 = \frac{10 \times 9 \times 8}{3 \times 2 \times 1} = 120$

2학년을 제외한 8명 중에서 대표 3명을 뽑는 경우의 수는

$_8C_3 = \frac{8 \times 7 \times 6}{3 \times 2 \times 1} = 56$

따라서 2학년 학생이 적어도 한 명은 뽑히는 경우의 수는

$120 - 56 = 64$ 답 64

다른 풀이 2학년 학생이 적어도 한 명은 뽑히는 경우는 2학년 학생이 1명 또는 2명 뽑히는 경우이다.

(i) 2학년 학생이 1명 뽑히는 경우

2학년을 제외한 나머지 학년에서 2명이 뽑히면 된다.

2학년 학생 2명 중에서 1명을 뽑는 경우의 수는

$_2C_1 = 2$

2학년을 제외한 나머지 학년 8명 중에서 2명을 뽑는 경우의 수는

$_8C_2 = \frac{8 \times 7}{2 \times 1} = 28$

따라서 2학년 학생이 1명 뽑히는 경우의 수는

$2 \times 28 = 56$

(ii) 2학년 학생이 2명 뽑히는 경우

2학년을 제외한 나머지 학년에서 1명이 뽑히면 된다.

2학년을 제외한 나머지 학년 8명 중에서 1명을 뽑는 경우의 수는

$_8C_1 = 8$

(i), (ii)에 의하여 구하는 경우의 수는

$56 + 8 = 64$

**12** $a = {_6P_4} = 6 \times 5 \times 4 \times 3 = 360$

한편, $x_1 < x_2$이면 $f(x_1) < f(x_2)$인 함수 $f$는 $Y$의 원소 중에서 4개를 택하여 작은 것부터 차례대로 $f(1)$, $f(2)$, $f(3)$, $f(4)$에 대응시키면 되므로

$b = {_6C_4} = {_6C_2} = \frac{6 \times 5}{2 \times 1} = 15$

$\therefore a + b = 375$ 답 ④

Core 특강

**함수의 개수**

두 집합 $X$, $Y$의 원소의 개수가 각각 $a$, $b\,(a \le b)$일 때, $X$에서 $Y$로의 함수 $f$ 중에서

① 일대일함수의 개수 → $_bP_a$

② 일대일대응의 개수 (단, $a=b$) → $a!$

③ $x_1 < x_2$이면 $f(x_1) < f(x_2)$인 함수의 개수 → $_bC_a$

**13** 8개의 점 중에서 3개를 택하는 경우의 수는

$_8C_3 = \frac{8 \times 7 \times 6}{3 \times 2 \times 1} = 56$

지름 위에 있는 4개의 점 중에서 3개를 택하는 경우의 수는

$_4C_3 = {_4C_1} = 4$

이때 지름 위의 3개의 점으로는 삼각형을 만들 수 없으므로 구하는 삼각형의 개수는

$56 - 4 = 52$ 답 ③

**14** 6명의 선수를 3명씩 두 팀으로 나누는 경우의 수는

$_6C_3 \times {_3C_3} \times \frac{1}{2!} = \frac{6 \times 5 \times 4}{3 \times 2 \times 1} \times 1 \times \frac{1}{2} = 10$

그 각각의 경우에서 3명 중 부전승으로 올라가는 1명을 택하는 경우의 수는

$_3C_1 \times {_3C_1} = 3 \times 3 = 9$

따라서 대진표를 작성하는 경우의 수는

$10 \times 9 = 90$ 답 90

## 실전 모의고사 1회

본문 62~66쪽

| | | | | | |
|---|---|---|---|---|---|
| 01 ③ | 02 ⑤ | 03 ⑤ | 04 ④ | 05 ④ | 06 ② |
| 07 ② | 08 ④ | 09 ①, ③ | 10 ③, ⑤ | 11 ④ | 12 ② |
| 13 ① | 14 ④ | 15 ③ | 16 ④ | 17 ② | 18 7 |
| 19 5 | 20 16 | 21 8 | 22 8 | 23 2 | 24 25 |
| 25 208 | | | | | |

**01** $n=1$일 때, $x = \frac{6}{4-1} = 2$

$n=2$일 때, $x = \frac{6}{4-2} = 3$

$n=3$일 때, $x = \frac{6}{4-3} = 6$

따라서 $A = \{2, 3, 6\}$이므로 $n(A) = 3$ 답 ③

**02** $A - B = \{1, 9\}$이므로 집합 $A - B$의 모든 원소의 합은

$1 + 9 = 10$ 답 ⑤

**03** $x^2 - 7x + 10 = 0$에서

$(x-2)(x-5) = 0$

$\therefore x = 2$ 또는 $x = 5$

즉, $A = \{2, 5\}$이고 $A = B$이므로 $B = \{2, 5\}$

따라서 $a=2$, $b=5$ 또는 $a=5$, $b=2$이므로

$a^2 + b^2 = 2^2 + 5^2 = 29$ 답 ⑤

## 04
$(x-1)(x-2)=0$에서

$x=1$ 또는 $x=2$

$\therefore A=\{1, 2\}$

$x^2-4x+3=0$에서

$(x-1)(x-3)=0$

$\therefore x=1$ 또는 $x=3$

$\therefore B=\{1, 3\}$

$\therefore A\cup B=\{1, 2, 3\}$

따라서 집합 $A\cup B$의 모든 원소의 합은

$1+2+3=6$

답 ④

## 05
$A^C-B^C=A^C\cap(B^C)^C$

$=A^C\cap B$

$=B-A$

답 ④

## 06
두 조건 $p$: $x=a$, $q$: $(x-2)^2=a$라 하고, 두 조건의 진리집합을 각각 $P$, $Q$라 하면

$P=\{a\}$, $Q=\{x\mid(x-2)^2=a\}$

이때 명제 $p \longrightarrow q$가 참이므로 $P\subset Q$이다.

즉, $x=a$일 때 $(x-2)^2=a$가 성립해야 하므로

$(x-2)^2=a$에 $x=a$를 대입하면

$(a-2)^2=a$

$a^2-5a+4=0$

$(a-1)(a-4)=0$

$\therefore a=1$ 또는 $a=4$

따라서 모든 실수 $a$의 값의 곱은

$1\times4=4$

답 ②

참고 $a$에 대한 이차방정식 $a^2-5a+4=0$은 서로 다른 두 실근을 갖고, 이차방정식의 근과 계수의 관계에 의하여 두 실근의 곱은 4이다.

## 07
모든 부분집합의 개수는

$2^5=32$

짝수를 하나도 포함하지 않는 부분집합의 개수는

$2^{5-2}=2^3=8$

따라서 짝수를 하나 이상 포함하는 부분집합의 개수는

$32-8=24$

답 ②

Core 특강

**특정한 원소를 포함하는 (또는 포함하지 않는) 부분집합의 개수**

원소가 $n$개인 집합의 부분집합 중에서 특정한 원소 $k$개를 포함하는(또는 포함하지 않는) 부분집합의 개수는

$2^{n-k}$

## 08
① $p \Longrightarrow q$이므로 $P\subset Q$

② $q \Longrightarrow r$이므로 $Q\subset R$

③ $P\subset Q$, $Q\subset R$이므로 $P\subset R$

⑤ $P\subset R$이므로 $R^C\subset P^C$

따라서 옳지 않은 것은 ④이다.

답 ④

## 09
① $x=-1$이면 $x<0$이므로 거짓이다.

② $x=-1$ 또는 $x=1$이면 $x^2=1$이므로 참이다.

③ $x=-1, 0, 1$은 모두 $x^2<x$를 만족시키지 않으므로 거짓이다.

④ $x=-1$ 또는 $x=0$이면 $x+\sqrt{x^2}=0$이므로 참이다.

⑤ $x=-1, 0, 1$은 모두 $x^3=x$를 만족시키므로 참이다.

따라서 거짓인 명제는 ①, ③이다.

답 ①, ③

Core 특강

**'모든' 또는 '어떤'을 포함하는 명제**

전체집합 $U$에 대하여 조건 $p$의 진리집합을 $P$라 할 때

① $P=U$이면 '모든 $x$에 대하여 $p$이다.'가 참

② $P\neq\varnothing$이면 '어떤 $x$에 대하여 $p$이다.'가 참

## 10
주어진 명제의 역을 구하면

① $x^2=4$이면 $x=2$이다. (거짓)

[반례] $x=-2$이면 $x^2=4$이지만 $x\neq2$이다.

② $x+y>0$이면 $xy>0$이다. (거짓)

[반례] $x=2$, $y=-1$이면 $x+y>0$이지만 $xy<0$이다.

③ $x^2<4$이면 $x>-2$이다. (참)

$x^2-4<0$에서 $-2<x<2$이므로 $x>-2$이다.

④ $\sqrt{x^2}=\sqrt{y^2}$이면 $x=y$이다. (거짓)

[반례] $x=2$, $y=-2$이면 $\sqrt{x^2}=\sqrt{y^2}$이지만 $x\neq y$이다.

⑤ $(x-1)^2+y^2=0$이면 $x+y=1$이다. (참)

$(x-1)^2+y^2=0$이면 $x-1=0$이고 $y=0$, 즉 $x=1$이고 $y=0$이므로 $x+y=1$이다.

따라서 역이 참인 명제는 ③, ⑤이다.

답 ③, ⑤

## 11
ㄱ. $x^2\geq0$이므로

$x^2+1>0$

ㄴ. $x^2+x+1=\left(x+\frac{1}{2}\right)^2+\frac{3}{4}$

이때 $\left(x+\frac{1}{2}\right)^2\geq0$이므로

$\left(x+\frac{1}{2}\right)^2+\frac{3}{4}>0$

$\therefore x^2+x+1>0$

ㄷ. $x^2+2x+1=(x+1)^2$이므로 $x=-1$일 때

$x^2+2x+1=0$

$\therefore x^2+2x+1\geq0$

따라서 옳은 것은 ㄱ, ㄴ이다.

답 ④

## 12
$n(A)+n(B)=24$에서

$n(A\cup B)+n(A\cap B)=24$ ······ ㉠

$n(A-B)+n(B-A)=16$에서

$n(A\cup B)-n(A\cap B)=16$ ······ ㉡

㉠$-$㉡을 하면

$2\times n(A\cap B)=8$

$\therefore n(A\cap B)=4$

답 ②

**13** $2x+|x|=6$에서

(i) $x\geq 0$일 때

$2x+x=6$, $3x=6$

$\therefore x=2$

(ii) $x<0$일 때

$2x-x=6$에서 $x=6$

그런데 $x<0$이므로 $x=6$은 조건을 만족시키지 않는다.

(i), (ii)에 의하여 $x=2$

따라서 $x=2$가 $x^2+ax+b=0$이기 위한 필요충분조건이므로 이차방정식 $x^2+ax+b=0$은 중근 2를 갖는다.

즉, $(x-2)^2=0$에서 $x^2-4x+4=0$이므로

$a=-4$, $b=4$

$\therefore a+b=0$

답 ①

**14** $a^2+b^2-2a-4b+5=(a^2-2a+1)+(b^2-4b+4)$

$=(a-1)^2+\boxed{(b-2)^2}$

$(a-1)^2\geq 0$, $\boxed{(b-2)^2}\geq 0$이므로

$(a-1)^2+\boxed{(b-2)^2}\geq 0$

$\therefore a^2+b^2\geq 2a+4b-5$

이때 등호는 $a-1=0$, $b-2=0$, 즉 $a=1$, $b=\boxed{2}$일 때 성립한다.

$\therefore$ (가) $(b-2)^2$ (나) 2

즉, $f(b)=(b-2)^2$, $k=2$이므로

$f(k+4)=f(6)=(6-2)^2=16$

답 ④

**15** $x^2+\dfrac{25}{x^2-4}=(x^2-4)+\dfrac{25}{x^2-4}+4$

이때 $x>2$에서 $x^2-4>0$이므로 산술평균과 기하평균의 관계에 의하여

$$(x^2-4)+\frac{25}{x^2-4}+4\geq 2\sqrt{(x^2-4)\times\frac{25}{x^2-4}}+4$$
$$=2\times 5+4$$
$$=14$$

(단, 등호는 $x^2-4=\dfrac{25}{x^2-4}$, 즉 $x=3$일 때 성립)

따라서 $x^2+\dfrac{25}{x^2-4}$의 최솟값은 14이다.

답 ③

**16** 명제 $\sim q \longrightarrow \sim r$가 참이므로 그 대우인 명제 $r \longrightarrow q$가 참이다.

명제 $p \longrightarrow r$, $r \longrightarrow q$가 참이므로 명제 $p \longrightarrow q$가 참이다.

또, 명제 $p \longrightarrow q$, $q \longrightarrow \sim s$가 참이므로 명제 $p \longrightarrow \sim s$가 참이다.

명제 $p \longrightarrow \sim s$가 참이므로 그 대우인 명제 $s \longrightarrow \sim p$가 참이다.

따라서 참인 명제는 ④ $s \longrightarrow \sim p$이다.

답 ④

**17** 반 학생 전체의 집합을 $U$, 축구장에 가 본 적이 있는 학생의 집합을 $A$, 농구장에 가 본 적이 있는 학생의 집합을 $B$라 하면 두 경기장에 모두 가 보지 않은 학생은 없으므로 $A\cup B=U$이고

$n(A\cup B)=30$, $n(A)=22$, $n(B)=17$

이때 두 경기장에 모두 가 본 학생의 집합은 $A\cap B$이고

$n(A\cup B)=n(A)+n(B)-n(A\cap B)$

이므로

$30=22+17-n(A\cap B)$

$\therefore n(A\cap B)=9$

따라서 두 경기장에 모두 가 본 학생 수는 9이다.

답 ②

**18** $A=\{2, 3, 5\}$에서 $A^C=\{1, 4\}$이므로

$A^C\cup B=\{1, 4\}\cup\{2, 4\}$

$=\{1, 2, 4\}$

따라서 집합 $A^C\cup B$의 모든 원소의 합은

$1+2+4=7$

답 7

**19** $|x-1|\leq 2$에서 $-2\leq x-1\leq 2$

$\therefore -1\leq x\leq 3$

$\therefore P=\{-1, 0, 1, 2, 3\}$

따라서 집합 $P$의 원소의 개수는 5이다.

답 5

**20** 주어진 명제의 부정은

'모든 실수 $x$에 대하여 $x^2-8x+k\geq 0$이다.'

이므로 이차방정식 $x^2-8x+k=0$의 판별식을 $D$라 하면

$\dfrac{D}{4}=(-4)^2-k\leq 0$

$\therefore k\geq 16$

따라서 $k$의 최솟값은 16이다.

답 16

**21** $A\cap X=A$에서 $A\subset X$

$B\cup X=B$에서 $X\subset B$

$\therefore A\subset X\subset B$

따라서 집합 $X$의 개수는 집합 $B$의 부분집합 중 1, 2, 4를 반드시 원소로 포함하는 부분집합의 개수이므로

$2^{6-3}=2^3=8$

답 8

**22** 반 학생 전체의 집합을 $U$, 영화를 좋아하는 학생의 집합을 $A$, 연극을 좋아하는 학생의 집합을 $B$라 하면

$n(U)=30$, $n(A)=20$, $n(B)=14$, $n(A\cap B)=12$

이때 영화와 연극을 모두 좋아하지 않는 학생의 집합은 $A^C\cap B^C$이고

$n(A\cup B)=n(A)+n(B)-n(A\cap B)$

$=20+14-12$

$=22$

이므로

$n(A^C\cap B^C)=n((A\cup B)^C)$

$=n(U)-n(A\cup B)$

$=30-22$

$=8$

따라서 영화와 연극을 모두 좋아하지 않는 학생 수는 8이다.

답 8

**23** 세 조건 $p$, $q$, $r$의 진리집합을 각각 $P$, $Q$, $R$라 하면
$P=\{x \mid -1<x\le 1$ 또는 $x\ge 3\}$,
$Q=\{x \mid x>a\}$,
$R=\{x \mid x\ge b\}$
$p$는 $q$이기 위한 충분조건이므로 $P\subset Q$
$p$는 $r$이기 위한 필요조건이므로 $R\subset P$
$\therefore R\subset P\subset Q$
따라서 세 집합 $P$, $Q$, $R$의 포함 관계를 그림으로 나타내면 다음과 같다.

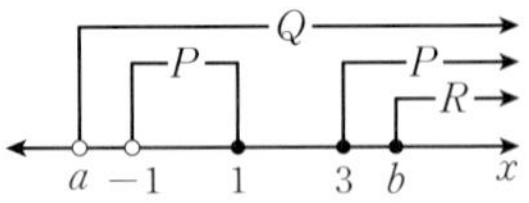


$\therefore a\le -1$, $b\ge 3$
즉, $a$의 최댓값은 $-1$, $b$의 최솟값은 3이므로 그 합은
$-1+3=2$

답 2

**24** 화단의 직각을 낀 두 변의 길이를 각각 $x$ m, $y$ m$(x>0,\ y>0)$라 하면
$x^2+y^2=10^2=100$
$x^2>0$, $y^2>0$이므로 산술평균과 기하평균의 관계에 의하여
$x^2+y^2\ge 2\sqrt{x^2\times y^2}=2xy$
$100\ge 2xy$
$\therefore xy\le 50$ (단, 등호는 $x=y=5\sqrt{2}$일 때 성립)
이때 화단의 넓이는
$\frac{1}{2}xy\le\frac{1}{2}\times 50=25$
따라서 화단의 최대 넓이는 25 m$^2$이므로 $a=25$

답 25

**Core 특강**

**산술평균과 기하평균의 관계 응용**
$a>0$, $b>0$일 때, $a+b\ge 2\sqrt{ab}$이므로
① $a+b$가 일정하면 $ab$는 $a=b$일 때 최댓값을 갖는다.
② $ab$가 일정하면 $a+b$는 $a=b$일 때 최솟값을 갖는다.

**25** 원소 1을 포함하는 부분집합의 개수는
$2^{5-1}=16$
원소 1을 포함하는 부분집합 16개 중
(ⅰ) 원소 3을 포함하는 부분집합의 개수는
$2^{5-1-1}=8$
(ⅱ) 원소 5를 포함하는 부분집합의 개수는
$2^{5-1-1}=8$
(ⅲ) 원소 7을 포함하는 부분집합의 개수는
$2^{5-1-1}=8$
(ⅳ) 원소 9를 포함하는 부분집합의 개수는
$2^{5-1-1}=8$
(ⅰ)~(ⅳ)에 의하여
$a_1+a_2+a_3+\cdots+a_{16}=1\times 16+(3+5+7+9)\times 8$
$=16+24\times 8$
$=208$

답 208

## 실전 모의고사 2회

본문 ☞ 67~71쪽

| | | | | | |
|---|---|---|---|---|---|
| 01 ③ | 02 ⑤ | 03 ② | 04 ⑤ | 05 ⑤ | 06 ④ |
| 07 ① | 08 ④ | 09 ⑤ | 10 ② | 11 ④ | 12 ③ |
| 13 ⑤ | 14 ② | 15 ③ | 16 ③ | 17 ③ | 18 14 |
| 19 5 | 20 2 | 21 56 | 22 32 | 23 10 | 24 144 |
| 25 405 | | | | | |

**01** (ⅰ) 눈의 수의 차가 4인 경우
(1, 5), (2, 6), (5, 1), (6, 2)의 4가지
(ⅱ) 눈의 수의 합이 4인 경우
(1, 3), (2, 2), (3, 1)의 3가지
(ⅰ), (ⅱ)에 의하여 구하는 경우의 수는
$4+3=7$

답 ③

**02** 함수 $y=\frac{k}{x}$의 그래프는 $k>0$이면 제1, 3사분면을 지나고
$k<0$이면 제2, 4사분면을 지난다.
ㄱ, ㄷ. 제1, 3사분면을 지난다.
ㄴ. 제2, 4사분면을 지난다.
따라서 함수의 그래프가 제1사분면을 지나는 것은 ㄱ, ㄷ이다.

답 ⑤

**03** 함수 $y=2\sqrt{3x+3}+a$에서 $3x+3\ge 0$, 즉 $x\ge -1$이므로 정의역은 $\{x \mid x\ge -1\}$이다.
$\therefore b=-1$
또, 치역은 $\{y \mid y\ge 4\}$이므로 $a=4$
$\therefore a+b=3$

답 ②

**04** $\frac{x+1}{2}=2$에서 $x+1=4$ $\therefore x=3$
$f\left(\frac{x+1}{2}\right)=3x-4$의 양변에 $x=3$을 대입하면
$f(2)=3\times 3-4=5$

답 ⑤

**05** 함수 $y=\sqrt{2x}$의 그래프를 $x$축의 방향으로 1만큼, $y$축의 방향으로 5만큼 평행이동하면
$y=\sqrt{2(x-1)}+5$
이 그래프가 점 $(9,\ a)$를 지나므로
$a=\sqrt{2\times 8}+5=4+5=9$

답 ⑤

**06** $f^{-1}(3)=1$에서 $f(1)=3$이므로
$1+a=3$ $\therefore a-2$
$g^{-1}(5)=-1$에서 $g(-1)=5$이므로
$3+b=5$ $\therefore b=2$
$\therefore a+b=4$

답 ④

**07** $(f^{-1}\circ f\circ f^{-1})(4)=f^{-1}(4)$

$f^{-1}(4)=k$로 놓으면 $f(k)=4$

$\frac{k-1}{k+1}=4$에서 $k-1=4k+4$

$3k=-5 \quad \therefore k=-\frac{5}{3}$

답 ①

**Core 특강**

**역함수의 성질**

두 함수 $f$, $g$의 역함수를 각각 $f^{-1}$, $g^{-1}$라 할 때

① $(f^{-1})^{-1}=f$

② $f^{-1}\circ f=f\circ f^{-1}=I$ (단, $I$는 항등함수)

③ $(g\circ f)^{-1}=f^{-1}\circ g^{-1}$

④ $f(a)=b \Longleftrightarrow f^{-1}(b)=a$

**08** $f(\sqrt{2})=2$, $f(2)=\frac{1}{2}$이므로

$(f\circ f\circ f)(\sqrt{2})=f(f(f(\sqrt{2})))=f(f(2))$

$=f\left(\frac{1}{2}\right)=\frac{1}{\frac{1}{2}}=2$

답 ④

**09** $2\times1^2=2$이므로 $f(1)=2$

$2\times2^2=8$이므로 $f(2)=8$

$2\times3^2=18$이므로 $f(3)=8$

$2\times4^2=32$이므로 $f(4)=2$

$2\times5^2=50$이므로 $f(5)=0$

따라서 치역은 $\{0, 2, 8\}$이므로 모든 원소의 합은

$0+2+8=10$

답 ⑤

**10** 함수 $g$가 항등함수이므로 $g(x)=x$

$\therefore f(3)=g(3)=3$

함수 $f$는 일대일대응이므로 $f(3)\le f(1)$, 즉 $3\le f(1)$에서

$f(1)=4$

따라서 $f(2)$, $f(4)$의 값은 각각 1, 2 또는 2, 1이다.

$\therefore f(2)+f(4)=3$

답 ②

**Core 특강**

**일대일대응**

함수 $f: X \longrightarrow Y$가 다음 조건을 모두 만족시키면 일대일대응이다.

(i) 정의역의 원소 $x_1$, $x_2$에 대하여 $x_1\neq x_2$이면 $f(x_1)\neq f(x_2)$

(ii) 치역과 공역이 같다.

**11** $\frac{2}{x(x+2)}+\frac{5}{(x+2)(x+7)}$

$=\left(\frac{1}{x}-\frac{1}{x+2}\right)+\left(\frac{1}{x+2}-\frac{1}{x+7}\right)$

$=\frac{1}{x}-\frac{1}{x+7}=\frac{7}{x(x+7)}$

즉, $\frac{7}{x(x+7)}=\frac{a}{x(x+b)}$이므로 $a=7$, $b=7$

$\therefore a+b=14$

답 ④

**12** $f(x)=\frac{ax+1}{x+b}=\frac{a(x+b)-ab+1}{x+b}=\frac{1-ab}{x+b}+a$

따라서 함수 $y=f(x)$의 그래프의 점근선의 방정식은

$x=-b$, $y=a$

이때 점근선의 교점의 좌표가 $(2, 3)$이므로

$-b=2$, $a=3 \quad \therefore a=3$, $b=-2$

즉, $f(x)=\frac{3x+1}{x-2}$이므로

$f(3)=\frac{3\times3+1}{3-2}=10$

답 ③

**13** 주어진 그래프에서 점근선의 방정식이 $x=4$, $y=2$이므로

$p=4$, $q=2$

따라서 주어진 함수의 식은 $y=\frac{k}{x-4}+2\,(k>0)$이고, 이 함수의 그래프가 점 $\left(\frac{3}{2}, 0\right)$을 지나므로

$0=\frac{k}{\frac{3}{2}-4}+2$, $\frac{2}{5}k=2 \quad \therefore k=5$

$\therefore kpq=5\times4\times2=40$

답 ⑤

**14** $f(x)=\frac{1}{\sqrt{x-1}-\sqrt{x}}+\frac{1}{\sqrt{x-1}+\sqrt{x}}$

$=\frac{\sqrt{x-1}+\sqrt{x}+\sqrt{x-1}-\sqrt{x}}{(\sqrt{x-1}-\sqrt{x})(\sqrt{x-1}+\sqrt{x})}$

$=\frac{2\sqrt{x-1}}{x-1-x}$

$=-2\sqrt{x-1}$

따라서 $f(2)=-2$, $f(5)=-4$이므로

$f(2)+f(5)=-6$

답 ②

**15** $y=-\sqrt{3-3x}+2=-\sqrt{-3(x-1)}+2$

즉, 함수 $y=-\sqrt{3-3x}+2$의 그래프는 함수 $y=-\sqrt{-3x}$의 그래프를 $x$축의 방향으로 1만큼, $y$축의 방향으로 2만큼 평행이동한 것이므로 오른쪽 그림과 같다.

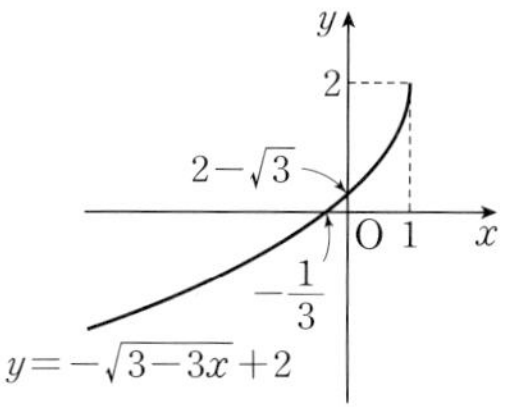


따라서 그래프가 지나는 사분면은 제1, 2, 3사분면이다.

답 ③

**16** B에 칠할 수 있는 색은 5가지,

A에 칠할 수 있는 색은 B에 칠한 색을 제외한 4가지,

C에 칠할 수 있는 색은 A, B에 칠한 색을 제외한 3가지,

D에 칠할 수 있는 색은 B, C에 칠한 색을 제외한 3가지,

E에 칠할 수 있는 색은 B, D에 칠한 색을 제외한 3가지이다.

따라서 구하는 방법의 수는

$5\times4\times3\times3\times3=540$

답 ③

**17** 구하는 경우의 수는 전체 경우의 수에서 남학생만 4명 또는 여학생만 4명 뽑는 경우의 수를 뺀 것과 같다.

10명 중에서 4명을 뽑는 경우의 수는

$_{10}C_4=\frac{10\times9\times8\times7}{4\times3\times2\times1}=210$

남학생만 4명을 뽑는 경우의 수는

$_4C_4=1$

여학생만 4명을 뽑는 경우의 수는

$_6C_4={}_6C_2=\frac{6\times5}{2\times1}=15$

따라서 구하는 경우의 수는

$210-(1+15)=194$

답 ③

**18** $(f\circ g)(x)=f(g(x))=f(x+4)=-2(x+4)+1=-2x-7$

따라서 $a=-2$, $b=-7$이므로 $ab=14$

답 14

**19** $3x+3\geq0$, $12-3x>0$이어야 하므로

$x\geq-1$, $x<4$ $\quad\therefore -1\leq x<4$

따라서 정수 $x$는 $-1$, $0$, $1$, $2$, $3$의 5개이다.

답 5

**20** $y=\frac{3x+k}{x-1}=\frac{3(x-1)+k+3}{x-1}=\frac{k+3}{x-1}+3$

이 함수의 그래프를 평행이동하면 함수 $y=\frac{5}{x}$의 그래프와 일치하므로

$k+3=5$ $\quad\therefore k=2$

답 2

**21** 8개의 점 중에서 어떤 세 점도 일직선 위에 있지 않으므로 만들 수 있는 삼각형의 개수는 서로 다른 8개에서 3개를 택하는 조합의 수와 같다.

$\therefore {}_8C_3=\frac{8\times7\times6}{3\times2\times1}=56$

답 56

**22** $f(x)=2x$

$f^2(x)=f(f(x))=f(2x)=2^2x$

$f^3(x)=f(f^2(x))=f(2^2x)=2^3x$

$f^4(x)=f(f^3(x))=f(2^3x)=2^4x$

$\therefore f^4(2)=2^4\times2=32$

답 32

**23** 주어진 함수의 그래프는 함수 $y=\sqrt{ax}\,(a<0)$의 그래프를 $x$축의 방향으로 4만큼, $y$축의 방향으로 $-2$만큼 평행이동한 것이므로 함수의 식을 $y=\sqrt{a(x-4)}-2$로 놓을 수 있다.

이 함수의 그래프가 점 (0, 2)를 지나므로

$2=\sqrt{-4a}-2$, $\sqrt{-4a}=4$

$-4a=16$

$\therefore a=-4$

따라서 $y=\sqrt{-4(x-4)}-2=\sqrt{-4x+16}-2$이므로

$b=16$, $c=-2$

$\therefore a+b+c=10$

답 10

**24** 3명의 여학생 중에서 2명의 여학생을 두 번째와 네 번째에 세우는 경우의 수는

$_3P_2=3\times2=6$

두 번째와 네 번째에 세우는 여학생이 정해지고 그 각각에 대하여 남은 네 자리에 4명의 학생을 세우는 경우의 수는

$4!=4\times3\times2\times1=24$

따라서 구하는 경우의 수는

$6\times24=144$

답 144

**25** (i) 1□□ 꼴인 수의 개수

십의 자리, 일의 자리에 올 수 있는 숫자를 택하는 경우의 수는 백의 자리에 사용한 숫자를 제외한 9개의 숫자에서 2개를 택하는 순열의 수와 같으므로

(9개: 0, 2, 3, 4, 5, 6, 7, 8, 9)

$_9P_2=9\times8=72$

(ii) 2□□, 3□□ 꼴인 수의 개수

(i)과 같은 방법으로 그 개수는 각각 72이다.

(i), (ii)에 의하여 백의 자리 숫자가 1 또는 2 또는 3인 경우의 수는

$72+72+72=216$

따라서 220번째에 오는 수는 백의 자리 숫자가 4인 수 중에서 작은 수부터 차례대로 나열했을 때 4번째 수이다.

백의 자리 숫자가 4인 수 중 각 자리의 숫자가 다른 수를 작은 수부터 차례대로 나열하면

401, 402, 403, 405, 406, ⋯

이므로 220번째에 오는 수는 405이다.

답 405

단 기 핵 심 공 략 서
START CORE

# 스코어

START 스타트 고등 수학(하)